高等教育“十三五”部委级规划教材

非凡手绘

建筑设计手绘表达全图解

JIANZHU SHEJI SHOUHUI BIAODA QUANTUJIE

李 磊 编著

東華大學出版社

·上海·

图书在版编目（CIP）数据

建筑设计手绘表达全图解 / 李磊编著 . -- 上海：东华大学出版社，2017.6

（非凡手绘）

ISBN 978-7-5669-1217-6

Ⅰ . ①建… Ⅱ . ①李… Ⅲ . ①建筑设计－绘画技法 Ⅳ . ① TU204.11

中国版本图书馆 CIP 数据核字（2017）第 090117 号

责任编辑：马文娟 李伟伟

版式设计：上海程远文化传播有限公司

封面设计：张 弛

非凡手绘——建筑设计手绘表达全图解

编 著：李 磊

出 版：东华大学出版社（上海市延安西路1882号，邮政编码：200051）

本社网址：http://www.dhupress.net

天猫旗舰店：http://dhdx.tmall.com

营销中心：021-62193056 62373056 62379558

印 刷：上海利丰雅高印刷有限公司

开 本：889mm × 1194mm 1/16

印 张：11.5

字 数：405千字

版 次：2017年6月第1版

印 次：2017年6月第1次印刷

书 号：ISBN 978-7-5669-1217-6

定 价：59.80元

前言

本书为环境艺术设计专业提供了一套较为完整的教学资料，本书的编写由浅入深，学习者完全可以从易到难自己学习，在短时间内掌握手绘效果图表现的相关技法。本书由多次荣获手绘艺术设计大赛“最佳指导教师奖”的专业手绘一线讲师撰写，在手绘授课的过程中会针对教学的具体问题提出很多改进的建议，但有些零散的建议并不能形成科学的认识和系统的训练方法，当同学们在训练过程中没有掌握科学的方法时，会在心理上产生畏惧甚至排斥手绘。作为教师，我深知针对性教学对提高教学成效有着至关重要的作用，同时也希望向更多学生传授方法、指引方向以助其成长。为此，本书必须将自己经历的、看到的、领悟到的，甚至走过一段弯路的经验总结起来整理成书，为广大读者尽一份力。

通过“非凡手绘”这套系列丛书能够解决两个问题：第一，了解就业及考研手绘的表现形式和应用范畴；第二，全面系统地学会设计手绘的表现技巧。需要强调说明的是，本丛书的一大特点不仅是培训单纯的表现能力，更重要的是培训这些能力如何在设计领域中的实战应用。其中很多内容都是实际案例中的经验总结，也是成功的秘籍。丛书总共分为三册，分别是《室内设计手绘表达全图解》、《建筑设计手绘表达全图解》和《景观设计手绘表达全图解》。每本书内容又细分为初级篇、中级篇、高级篇三个阶段，让读者的学习循序渐进。我的思路是，掌握优秀学习方法的前提是必须要有优秀的教学指导，要想成功，其实很简单，只要把成功的方法和经验复制下来，然后按照这些经验和方法去做就可以了。帮助每一个学生找到正确的学习方法，在较短的时间内，快速成为设计手绘达人，就是本丛书的唯一目标。

“非凡手绘”系列从开始创作到完成，经历了多次修改，总共为期 18 个月左右，编写过程中整合了大量前辈、导师、同行及学生的经验，同时它也像一根绳索似地串连着我碎片似的记忆，把我多年来对手绘的理解及对教学的体会融入书中，让读者，特别是青年学生及设计师朋友们了解我作为一个手绘培训师，作为一个追求手绘境界的“玩儿家”是如何在教学的道路上孜孜不倦地行走的，相信有缘得到本套丛书的读者，一定会有不小的收获。

最后，感谢东华大学出版社马文娟编辑提供给我这次宝贵的机会；感谢天津工业大学马澜教授的引荐；感谢夏克梁、陈红卫、刘宇三位老师给出的宝贵建议；感谢中国手绘力量发起人连柏慧会长传授给我的宝贵经验，因为你们的鼓励，我才得以坚持下去！

至此，关于该书，难免还有疏忽和不妥的地方，望广大读者及同行多多包涵并提出宝贵意见，特此感谢！

李磊

2017 年 6 月

目录
CONTENTS

中级篇

高级篇

初级篇

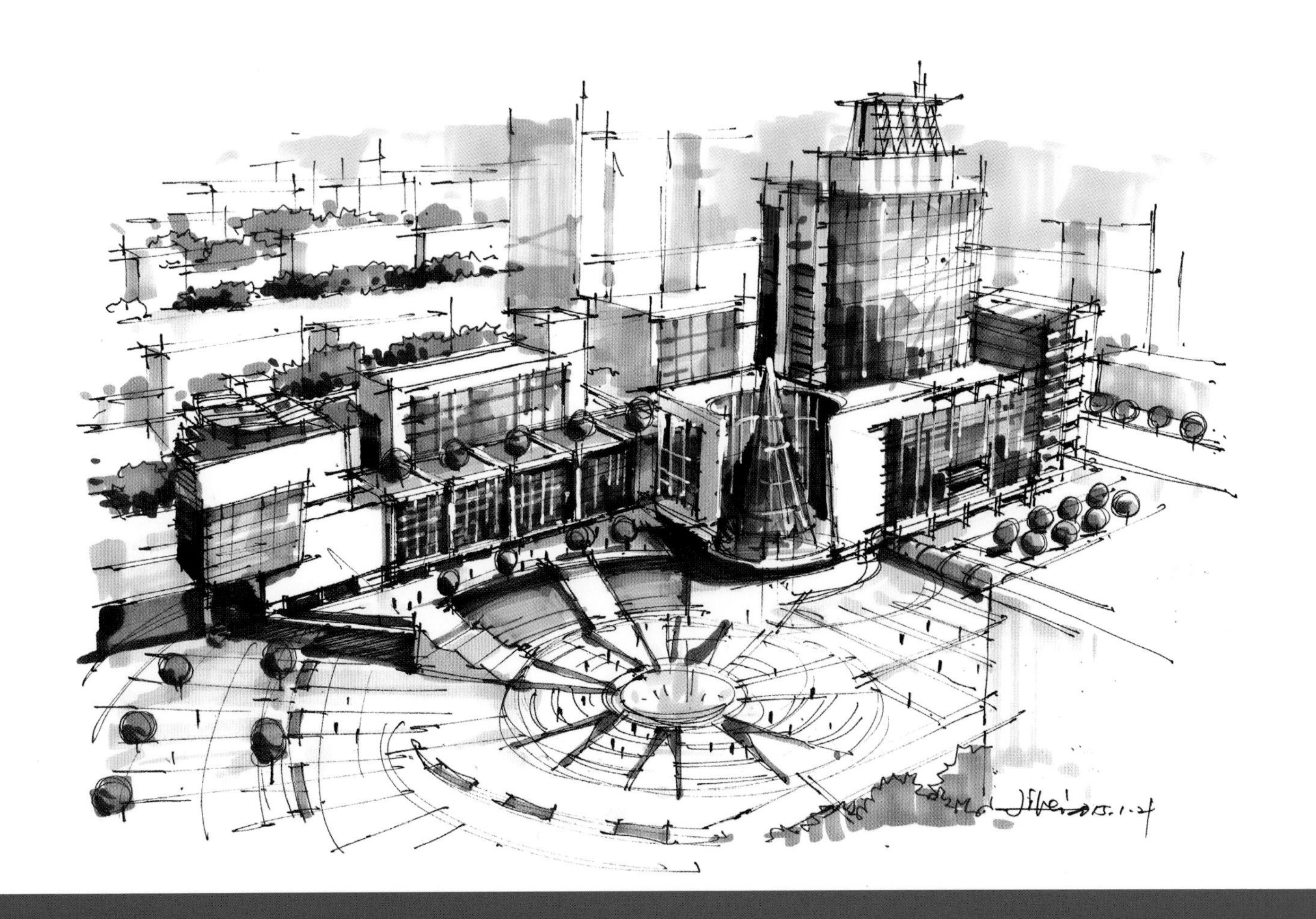

第一章 建筑设计手绘的基础表达

1.1 熟悉工具

笔者向广大学习手绘的同学推荐主要的绘图工具如下：

针管笔：针管笔的优点是出水顺畅、型号多样，由细到粗有多种选择。但其使用目标是制图，而不是设计速写，因为它不方便做到潇洒自然、收放自如的线条效果，稍不慎重笔尖就会折断或者压平。建议在研究生考试或者做工程制图作业时使用此种笔。

签字笔（会议笔、签字笔、中性笔、碳素笔等）：签字笔价格不贵，出水也很顺畅，便于放松地进行海量训练，也适合设计速写的表达，建议初学者起步阶段训练使用。

*建议不要使用美工笔或者尖头钢笔来训练设计手绘，一是钢笔（美工笔）的方向性过强，绘制快线时或者一不小心转动笔尖就会出现断墨迹象；二是钢笔需要经常保养，保养不好的话笔尖就会堵塞，甚至废掉，给绘图造成了很大麻烦。

笔者推荐

晨光 2180 会议签字笔和白雪针管型走珠笔。

彩色铅笔：彩色铅笔通常选择水溶性的，它容易上手且便于深入描绘，多层叠加后都不会出现反光。非水溶性彩色铅笔的笔芯干硬，很难深入刻画细节。彩色铅笔可以单独使用也可以和马克笔配合使用，在使用时会更加随意一些。

笔者推荐

辉柏嘉水溶性彩铅、马克水溶性彩铅、施德楼水溶性彩铅、利百代水溶性彩铅。

马克笔：马克笔分油性（酒精性）和水性两大类。绘制时常用油性笔，其渗透力强，笔触柔和，可反复叠加。马克笔的颜色种类繁多，建议起步阶段先以灰色系为主，以培养统一色调的色彩感觉，经过长期大量训练，到了感觉可以控制马克笔的时候，就可以适当加入一些其他色彩。要注意尽量不要购买鲜艳的纯色，以免画面色彩生硬乏味。

笔者推荐

Fandi（凡迪）、Star（斯塔）、Touch、法卡勒。

铅笔：在建筑表现图中铅笔是极其令人兴奋和重要的工具。铅笔特有的概括性、模糊性以及可以随意控制深浅的特性，都便于设计师在方案构思阶段形成手脑互动，从而获得挥洒自如、随意深浅的豪情。

选择铅笔应由浅到深，从 HB~8B 甚至 8B 以上都需要配备，同时还应购买一个挥发性定画液，以防止画面着黑部分的反光。

复印纸：复印纸质地较柔和，一包为 500 张，非常适合初学者购买训练。市面上分 A4、A3、B4 等规格，可根据需要来购买。

以上工具为手绘制图的常用工具，除此之外，我们还可以准备些辅助工具。如：自动铅笔、碳素铅笔、涂改液、绘图纸、硫酸纸、拷贝纸、色粉笔、水彩等。

1.2 专业线条的技术训练

1.2.1 专业线条的基本特征

1.2.1.1 两头重、中间轻

所谓的“两头重、中间轻”，即指线条的起点和终点比较重，甚至会有些刻意的强调，这是因为起笔和收笔时着重了顿笔的结果。中间运线的部分则放松自如，在初期方案交流中如果能画出这样的线条可给人留下从容、专业、潇洒、扎实可信的印象，甚至会很快征服甲方和同行（图 1-1）。

笔者建议：在训练中不要局限某一种笔类，可尝试用绘图笔、铅笔、马克笔等来交替训练，一方面起到训练效果，另一方面还能熟悉不同工具的表现力（图 1-2、图 1-3）。

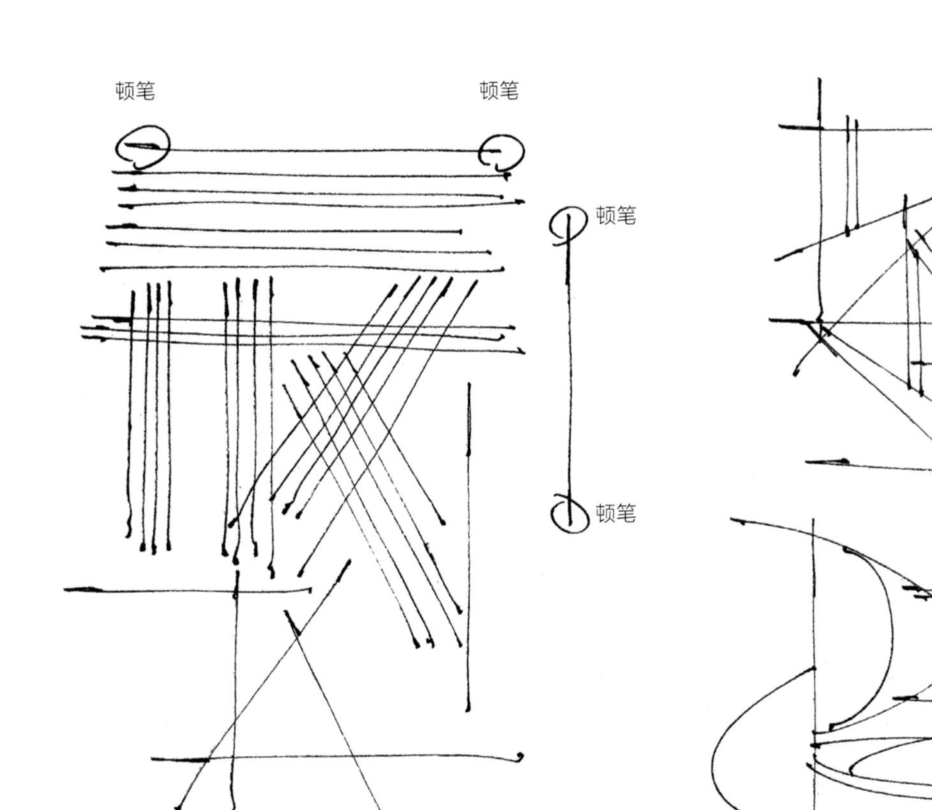

图 1-1
“两头重，中间轻”训练

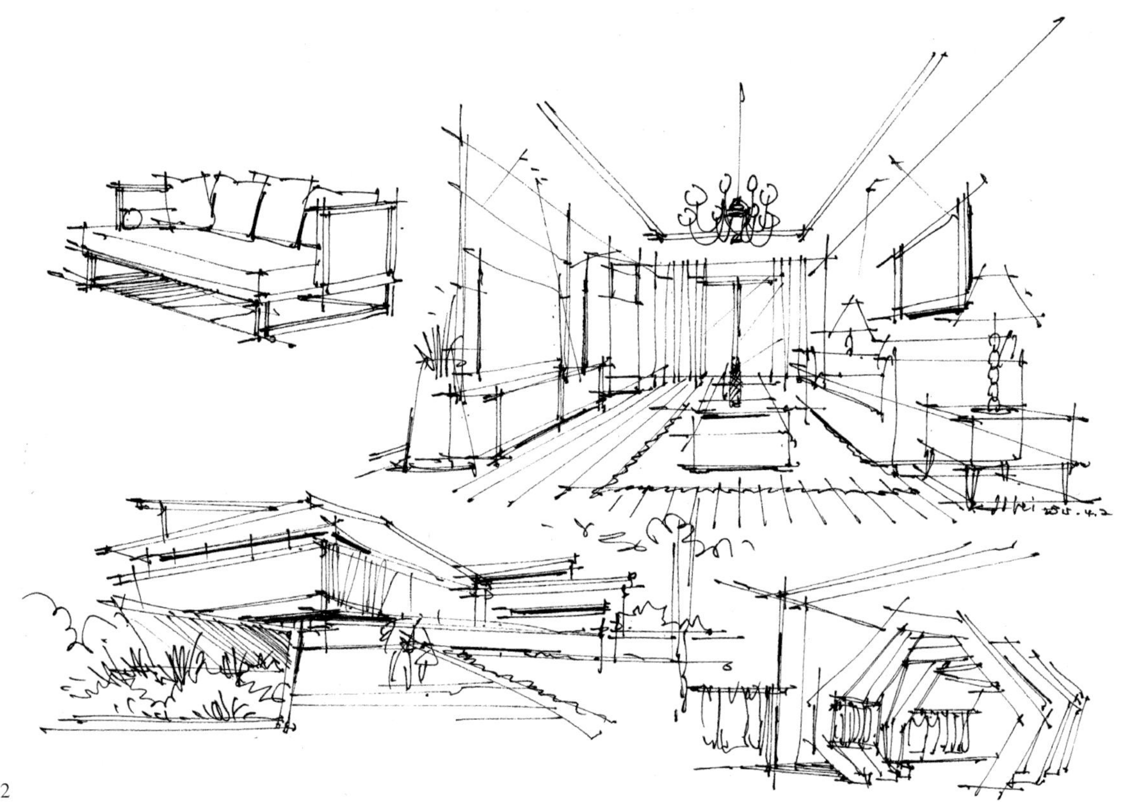

图 1-2
笔触的练习

图 1-3
使用多种绘画工具练习

1.2.1.2 小曲大直

很多初学者在学习的时候都想靠徒手画出尺规的线条效果，这是没必要的举动。在这里想说明的是：徒手画线所要求的“直”，只是整体感觉上的“直”，也就是说，只要起笔和收笔的两个点保证在一条水平线或垂直线上，中间部分是可以有些弯曲的。实际上这也是一种艺术表现，给人灵活自如、心态放松的感觉。非要像用直尺画得那样机械、呆板，徒手画也就没有意义了（图 1-4、图 1-5）。

1.2.1.3 强调交叉点

“交叉点”是指两线相交时“交点出头”，即线条交点并不是画得恰好对准，而是形成有意识的出头，以明确交点的位置。

在徒手表达中，不必过于关注两线的交点是否对齐，只要大方地交叉过去即可，这样能够使心态更加放松，同时画面也能够造成大气潇洒的气势，形成自然的画面感染力和视觉冲击力（图 1-6）。

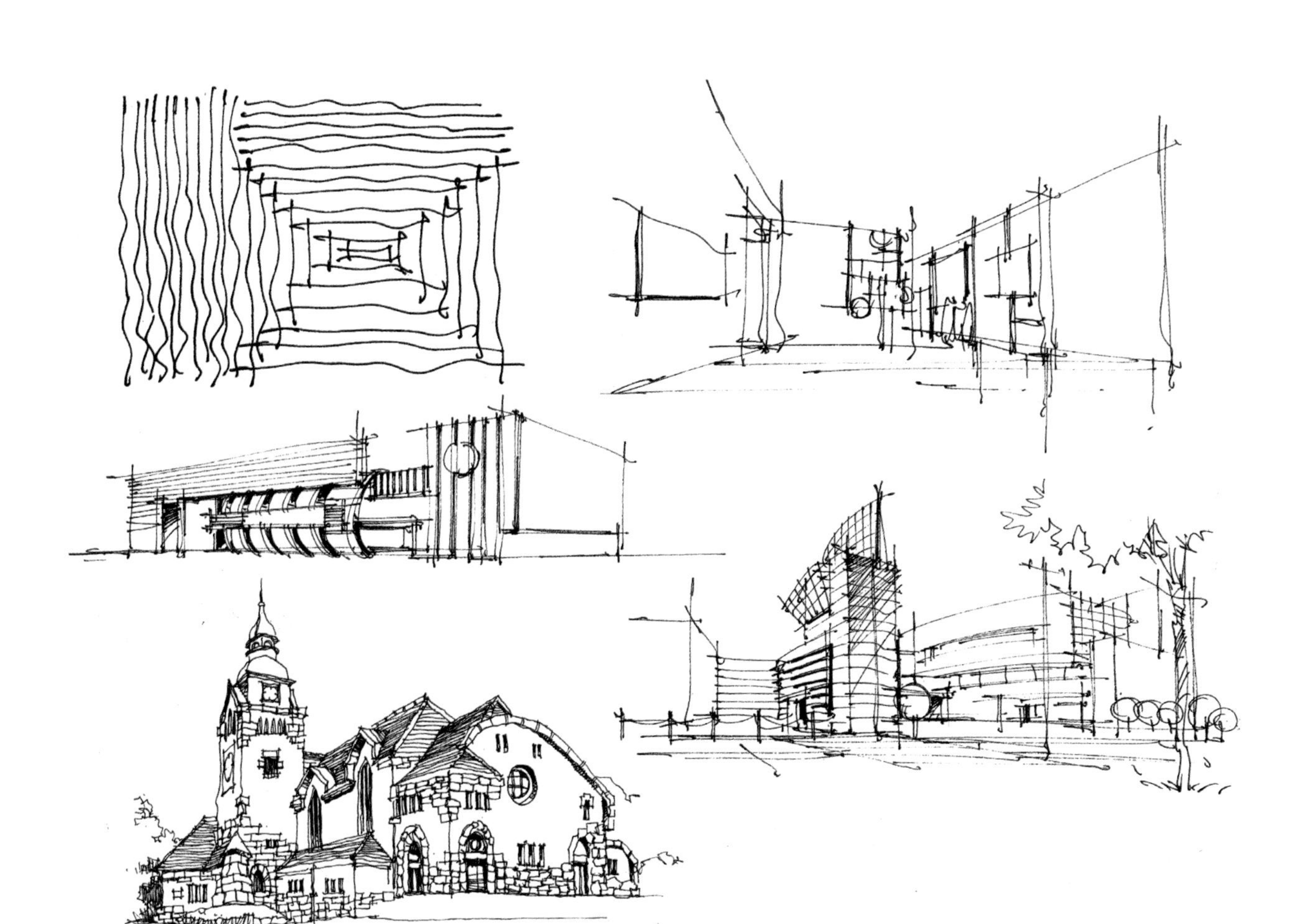

图 1–4
小曲大直的表现形式

图 1–5
直线的灵活自如

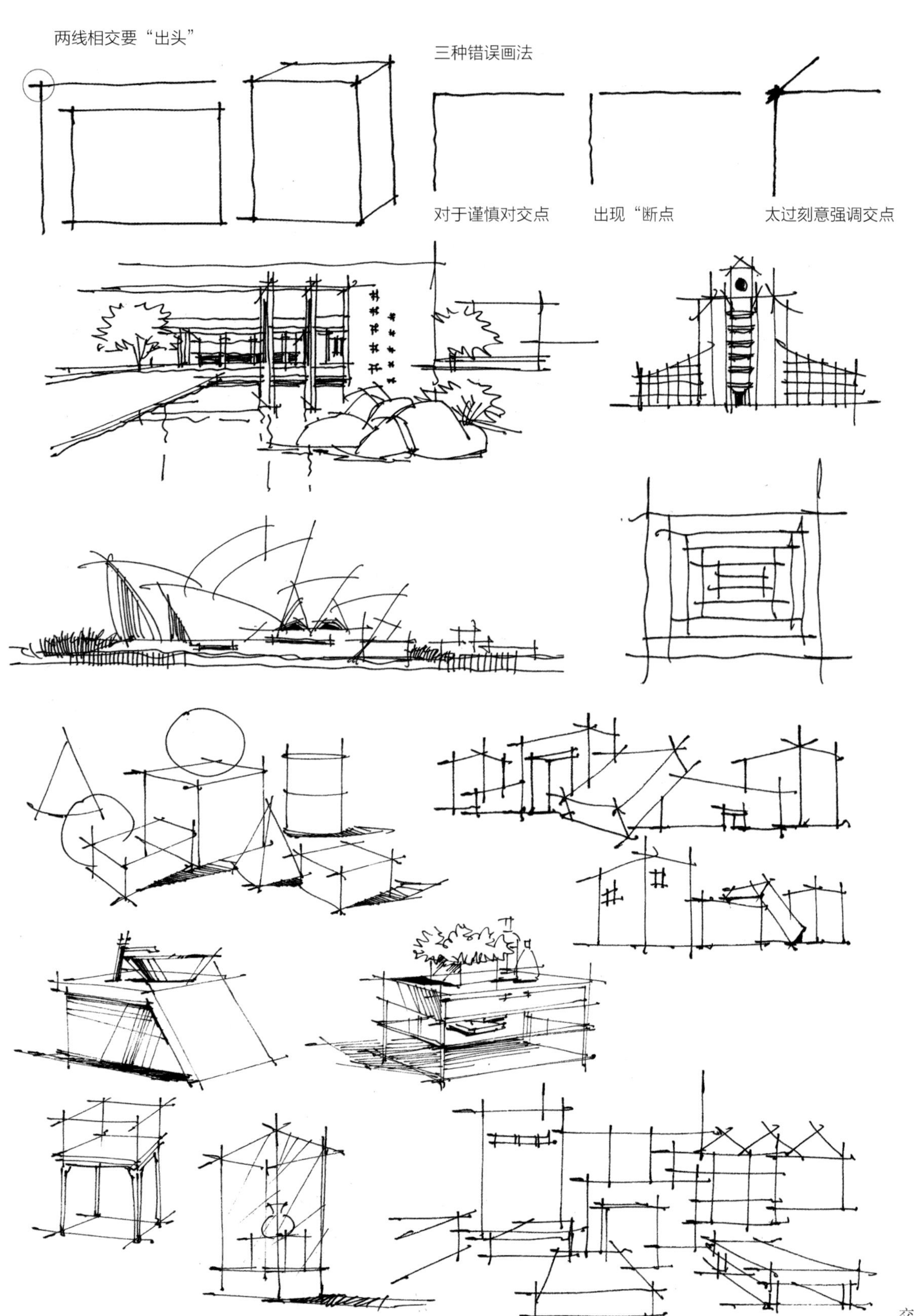

图 1-6
交叉点的练习

1.2.1.4 明确错误线

在教学过程中我经常会发现学生有担心画错的紧张心态，绘制过程中总是犹豫不决，只要有点不对劲就赶紧用橡皮擦掉。实际上，手绘的线条并不要求百分百精准，但是一定要做到明确，即便是画错了的线条，也要明确地摆在纸面上，根据错误的线条推敲出正确的线条。这样做不但绘制速度快，而且非常锻炼整体控制能力，时间久了就会慢慢摆脱错误，变得更加肯定了。如果一直战战兢兢地画，则永远也摆脱不了紧张、胆小、犹豫的心态，也就不会取得进步（图 1-7）。

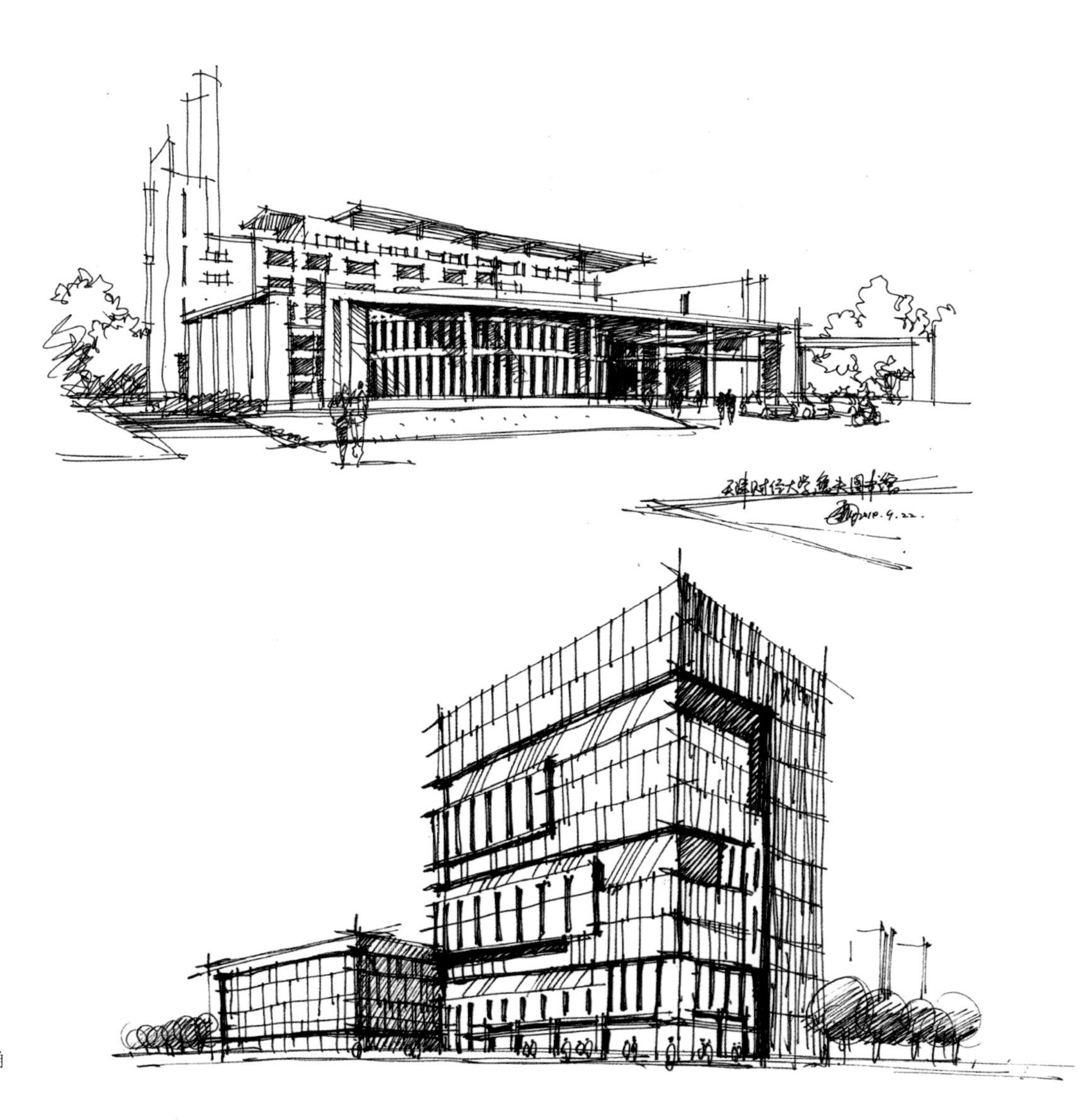

图 1-7
线条表现明确

1.2.2 专业线条的种类

徒手绘制的线条大多比较感性，因此风格各异，没有固定模式。以下具体进行分析：

1.2.2.1 抖线

抖线属于慢线的一种，也是我在教学过程中首先跟大家推广的，它很适合初学者。它的好处是：线条稳定；严谨而不拘谨；细看灵活，远看笔直；绘制简单且容易上手，有利于看图人产生很专业、很踏实的感觉。这种线条的图适合用在后期成品表现图阶段（图 1–8、图 1–9）。

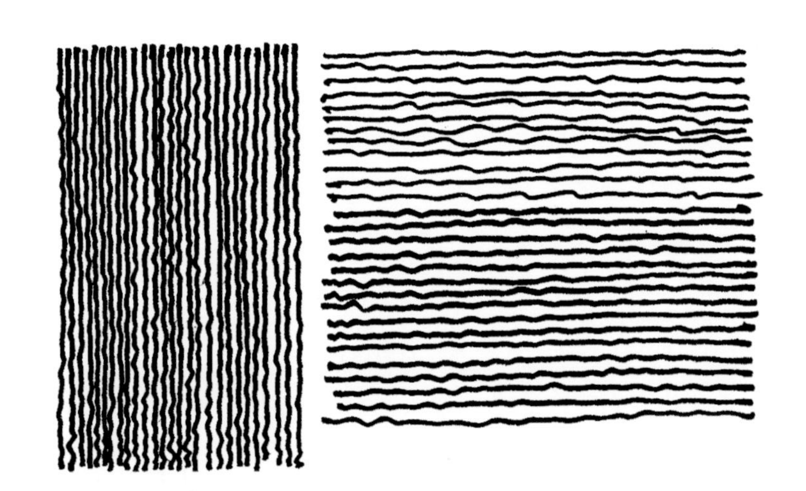

图 1–8
抖线练习

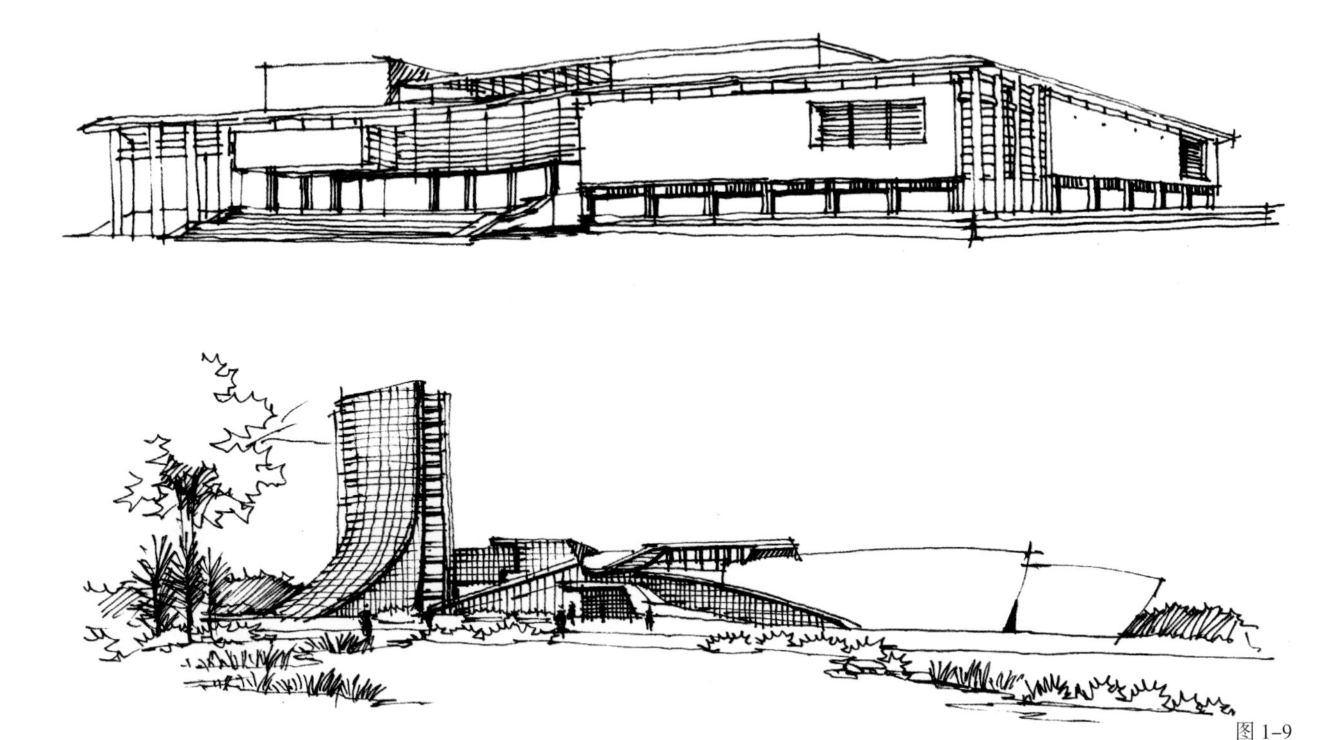

图 1–9
抖线作品表现

1.2.2.2 自由线

自由线和微抖动的线条有所不同，它可快可慢，抖动幅度较大，运线过程非常灵活，不受限制，给人以放松、潇洒的感觉。自由线常用在概念设计阶段，当设计师的思维非常跳跃，灵感激发出来时，随之画出的线条将会有意无意地成了曲线、折线等灵活的线条走向。自由线有利于手脑互动，激发更多方案创作的可能性（图 1-10）。

图 1-10
自由线作品表现

1.2.2.3 快速线

快速线给人豪放、潇洒、大气的感觉，而且效果很有张力，也能够让人更加认同设计师的专业气质。在画线时要注意两头重、中间轻，中间部分快速运笔，一气呵成，体现出硬朗且富有弹性的效果。需要强调的是，快速硬朗的线条属于比较难控制的线条，由于运笔速度极快，所以很容易画歪。要想达到熟练的效果，需要长时间的努力训练（图 1-11、图 1-12）。

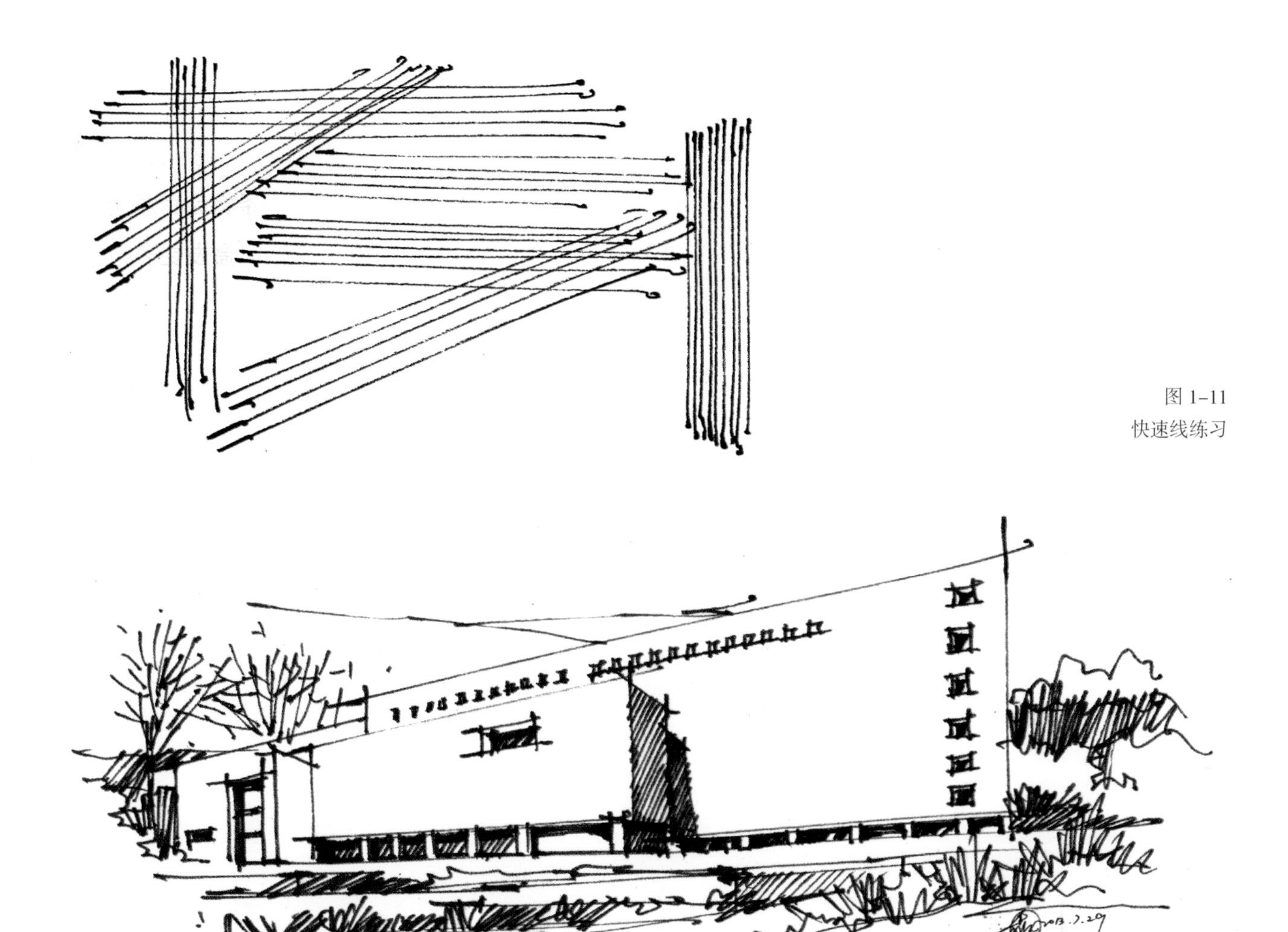

图 1–11
快速线练习

图 1–12
快速线作品表现

1.2.2.4 尺规线

使用尺规制图要具备准确的眼力和手力，比如平行线、透视线、等距线等的训练，知道可以靠目测来准确绘制，通过这些训练完全可以使得训练者在短时间内准确达到尺规制图的标准。尺规线在绘制时速度更快，因为你不会担心画不直，同时你会发现，如果在两线相交时把线条点对点相交，绘制速度就会变慢，而且看起来显得不挺实。如果适当做交点出头，那么就会放松很多，而且看起来坚挺、潇洒，富有徒手制图的表现力（图 1–13、图 1–14）。

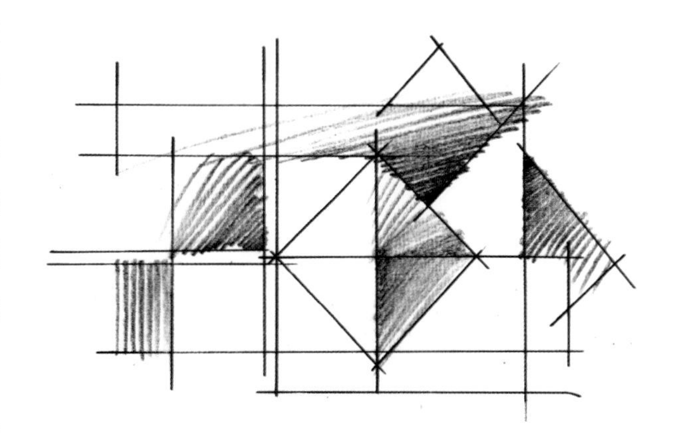

图 1–13
尺规线练习

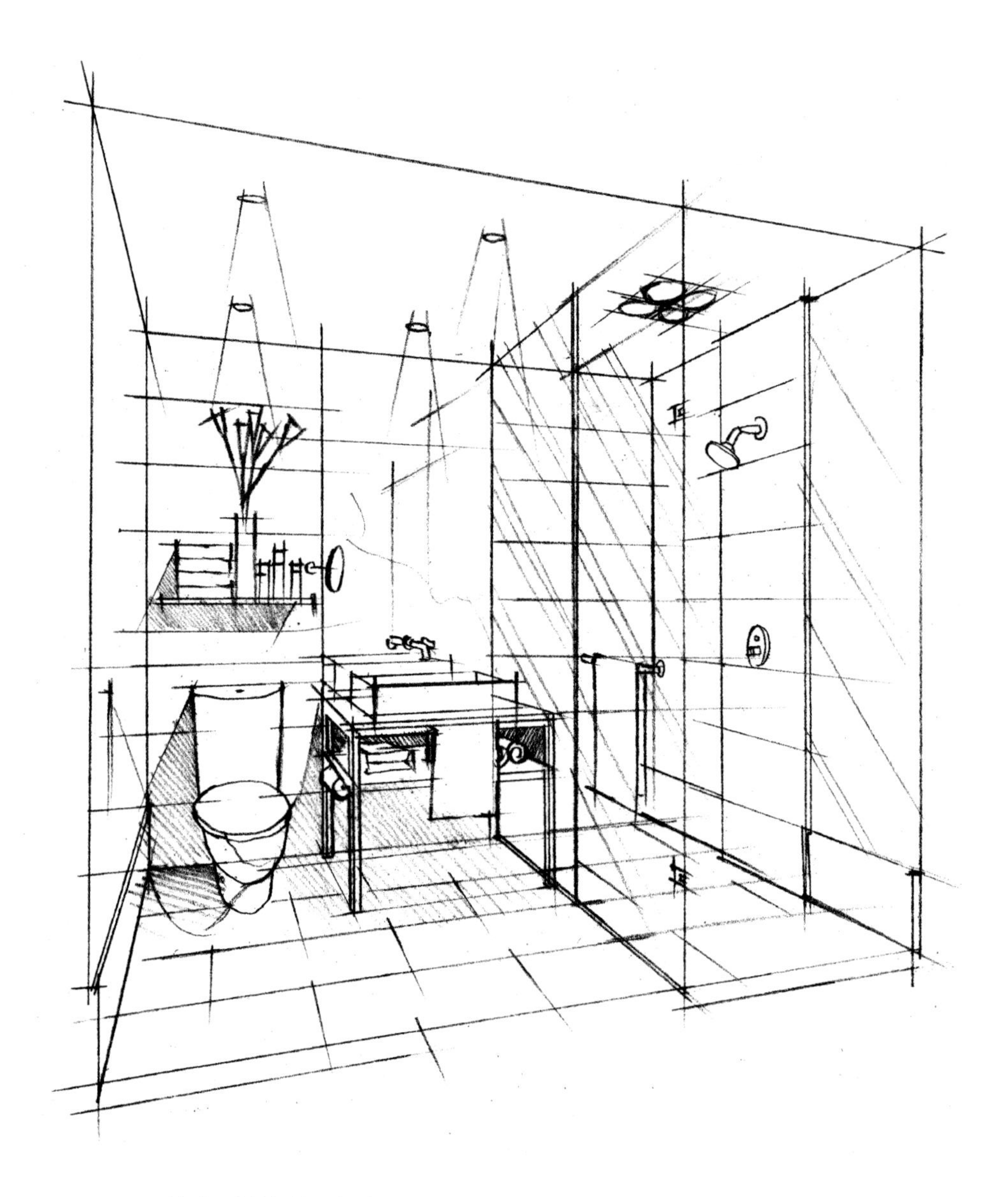

图 1–14
尺规线作品表现

1.2.3 线条训练的误区

线条的练习需要强调感性、灵性和悟性，而不是追求严谨化、尺规化和准确化。在初学阶段要避免一个典型的误区，就是追求“直”而“准”的尺规线条。可能大家会看到一些高手可以画出近似“笔直”的线条，但那是熟能生巧的结果，如果不经过长期大量训练，是不可能达到那样的高度的，所以不应该在起步阶段就急于追求线条“笔直”的目标。

那么，初学者应该怎样去做呢？

首先，心态的放松是画好线条的第一步，只有在心态放松的前提下，才会萌生出各种激情，线条才会赋予美感，要以“玩儿”的

状态来画线条，才能体会其中的乐趣。试想一下，你坐在那里紧张兮兮的，身体和手部都很僵硬，怎么可能画出放松而自然的线条？

其次，在起步阶段，形体和线条走向大致准确即可，不要强求和强调一步到位。随着训练的强化，数量和时间的积累，自然就会发现自己的手和笔越来越默契，慢慢就会自然地做到“直”和“准”了。

再次，设计师绘图的线条标准应该是“小曲大直”“大巧若拙”“抓大放小”，追求“自然”“轻松”“潇洒”“灵活”的线条感，摒弃“分毫不差”的呆板效果。不能让“精确”“像不像”“笔直”等词驻扎在心中，那样则偏离了目标，误入了歧途。

1.2.4 如何“玩”线条

“玩”的训练心态十分重要，刚开始就一本正经地“画”，结果往往不能令人满意。“玩”的目的是破除“画”的紧张，以“玩”和“放松”的心态进行成百上千次的练习，才能真正得到放松。

在“玩”的过程中，一定要注意画面整体的完整，而不是松散、随意和潦草的画，要形成一种外松内紧的感觉（图 1–15）。

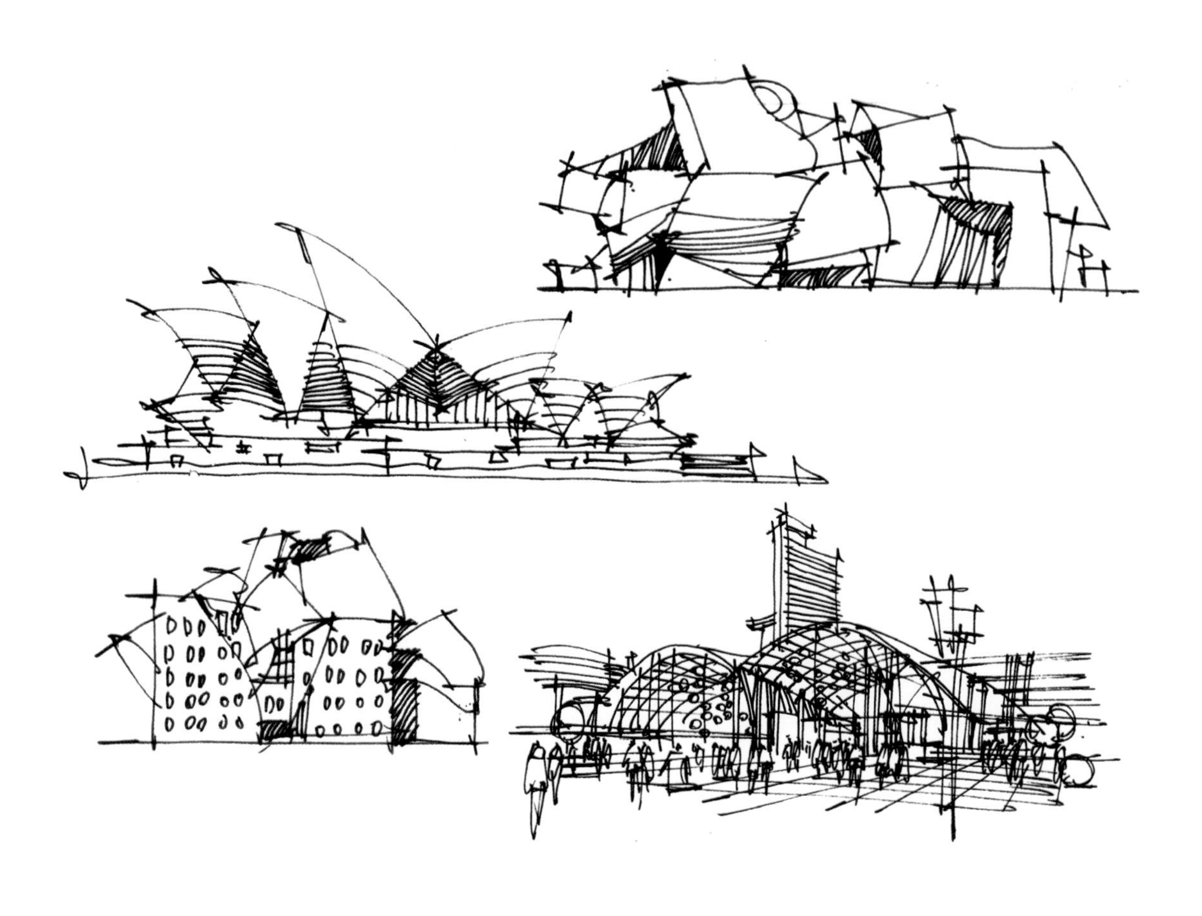

图 1–15
“玩”线条

首先，可以先从单线或排线开始“玩”，由简入繁。随着大量的练习，便会发现不同可行性的实验可以带来不同的惊喜。（图 1–16）待稍稍熟悉之后，就可适当转变成图形寻找放松的感觉（图 1–17）。

其次，可以选择不同的载体来进行训练，生活中很多的图片、照片、实物都可以作为元素来源，把这些元素以“玩”的心态落实在纸上，也会激发我们的各种潜能，同时还可以将线条和形态完美结合（图 1–18、图 1–19）。

选择载体训练应做到抓大放小，我们并没有把载体画得惟妙惟肖的责任，那是画家需要做的事情，设计师需要做的是抓住载体的本质特征，然后概括表达出来便可（图 1–20）。另外，还要注意控制视觉中心。视觉中心是训练关键，其处理越明确，画面打动人的可能性越大（图 1–21、图 1–22）。

控制视觉中心的窍门：对于视觉中心，一定要加以深入和细化；与视觉中新关系不大的细节、笔触，要学会减少其绘画强度，甚至可以大胆省略。

最后，要将所画的载体海量重复。不要只是画一遍、两遍就收手，有时需要画十遍甚至以上，才能真正把握好其规律，画的越多，就会越放松、越潇洒。

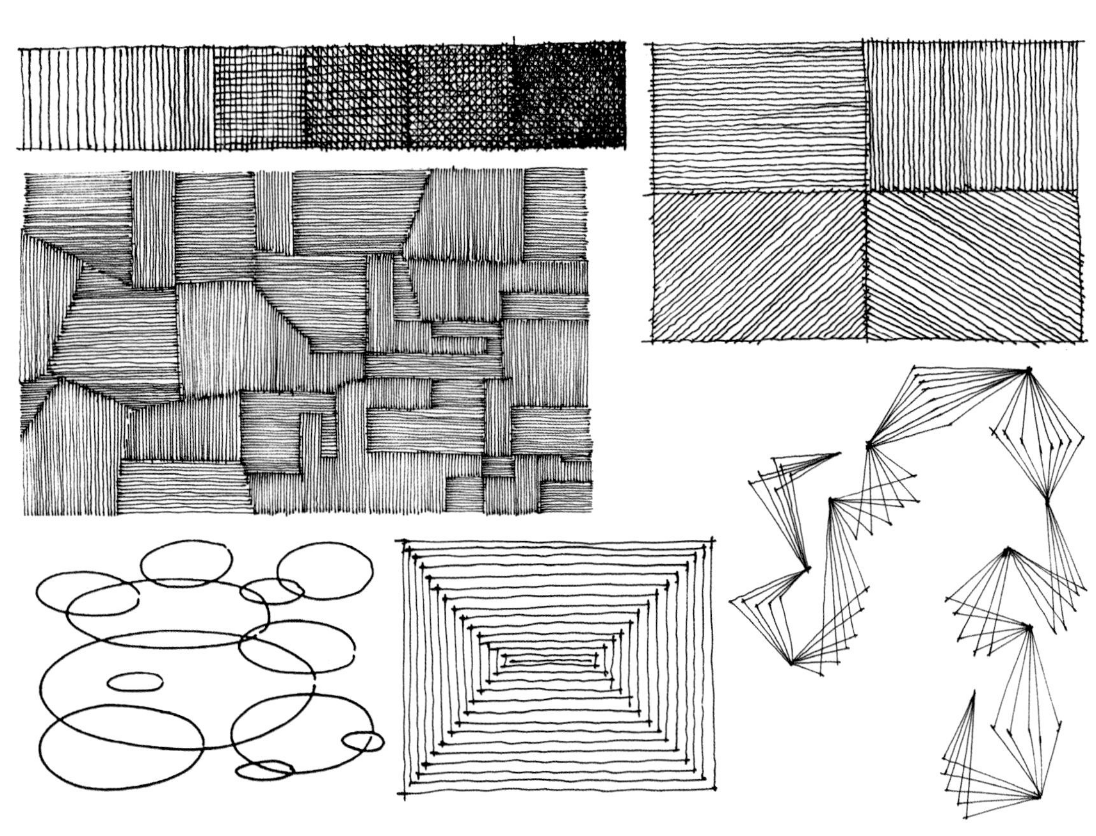

图 1–16
单线、排线练习

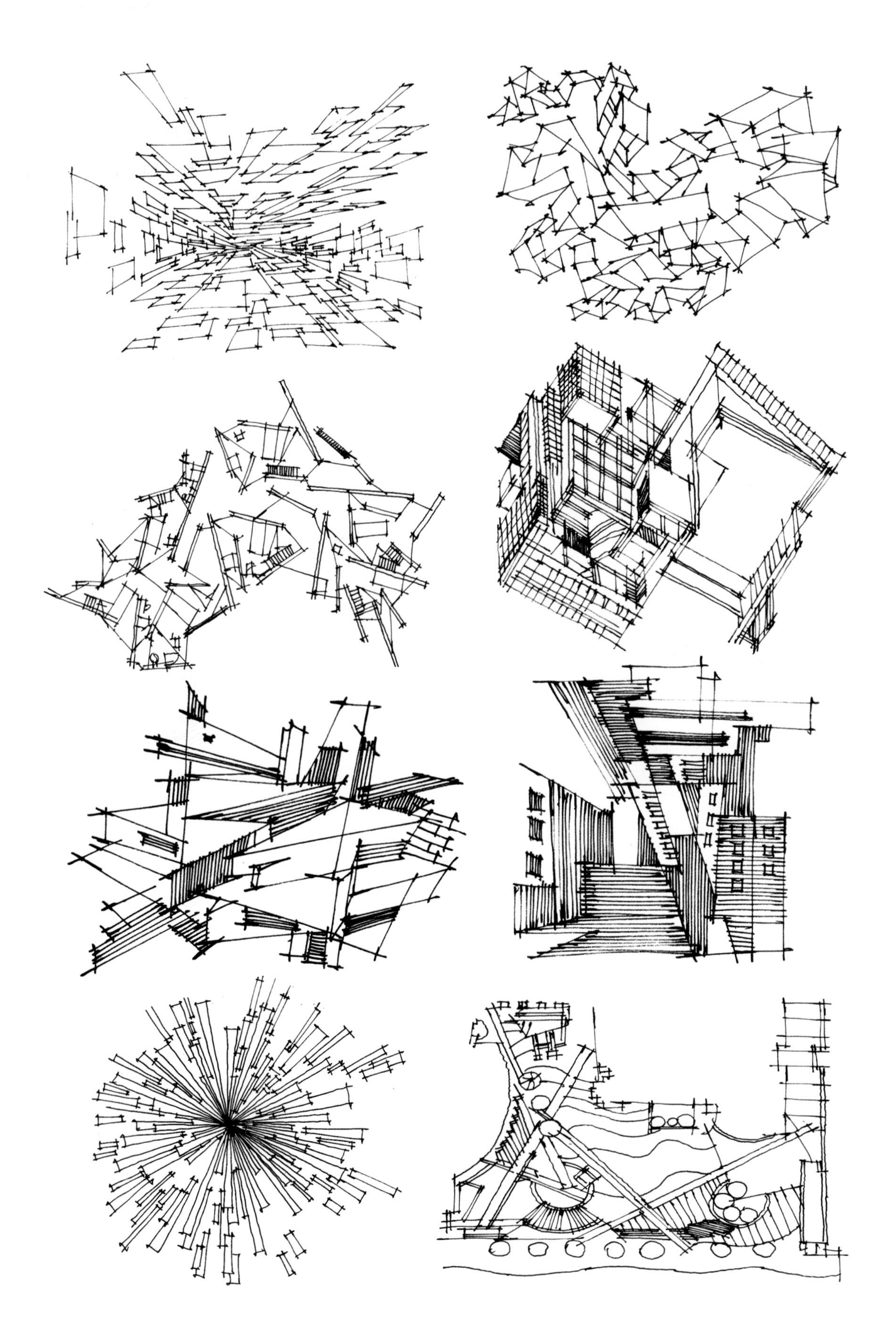

图 1–17
图形练习

图 1–18
线条的练习

图 1–19
在生活中寻找练习元素

图 1-20
概括表达出建筑物的特征

图 1-21
控制视觉中心

图 1–22
深入和细化视觉中心

1.3 建筑透视知识和技巧

1.3.1 透视的基本原理

学习透视原理仅仅是第一步，如何结合建筑设计语言对它们进行灵活而熟练的运用才是最终的目的。

1.3.1.1 视平线、灭点、站点、透视角度

视平线：视平线是一条从观察者眼睛延伸至画面的假想轴线。在画面中它是一条水平线，高度通常取 1.6~1.8m，建筑所有水平透视线都要交于视平线上的灭点。所以，在绘制徒手草图中，可以将视平线作为参考，清晰地绘制在纸上，便于控制透视的轮廓（图 1–23）。

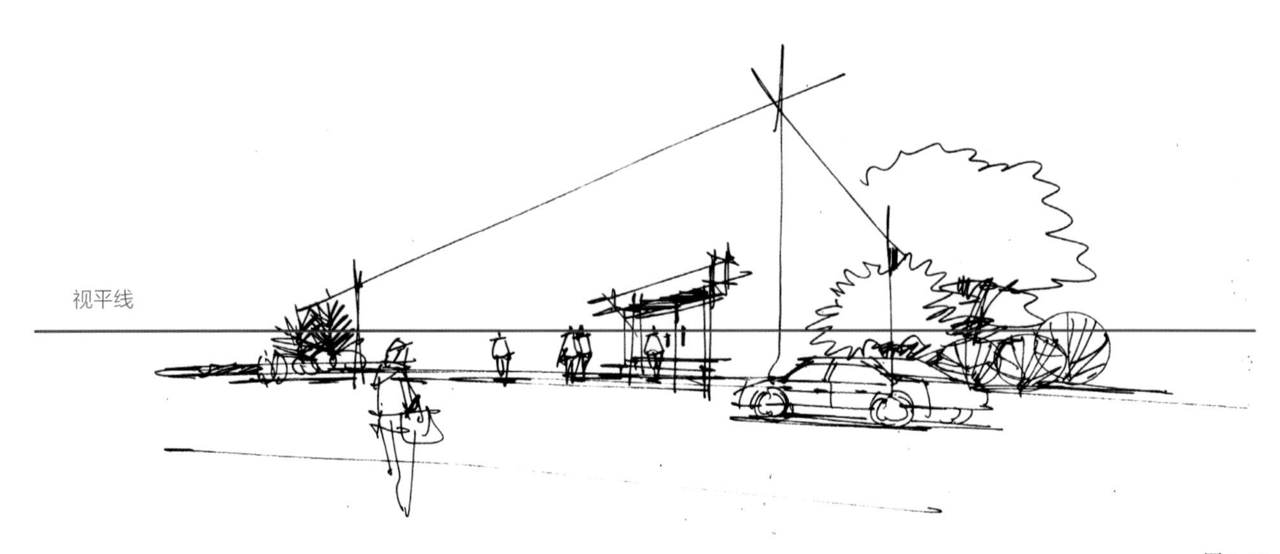

图 1–23
视平线绘制在纸上

灭点：灭点是建筑上的水平平行线消失于视平线上的点。如果是一点透视，则所有水平线汇聚于画面中间的灭点，一般室内空间表现图会较多的用到此种透视（图 1–24）。如果是两点透视，则一个矩形体块上有两个方向的灭点（图 1–25）。

在我们的实践中，需要分析即将画出的面是哪些，通过在大脑中建立的大致模型，去判断这个面是位于建筑的进深方向还是面宽方向，以便明确组成该面上下两条水平线指向哪一个方向的灭点。

图 1-24
一点透视

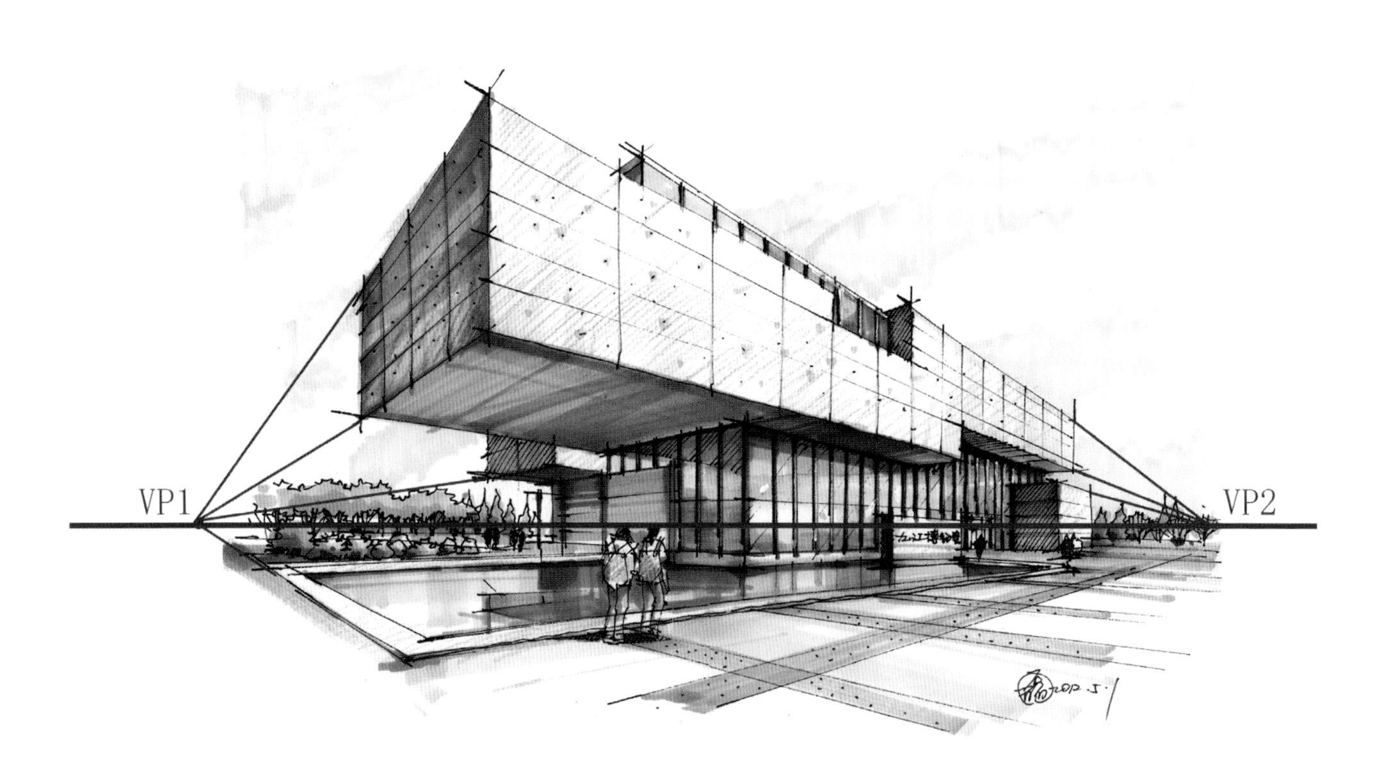

图 1-25
两点透视

灭点的位置与站点和透视角度有直接关系，两个灭点距离越近，则透视感越强，即所有的水平线倾角越大，建筑体量越发高耸、挺拔（图 1-26）。两个灭点距离越远，则水平线的倾角越小，建筑体量平缓、舒展（图 1-27）。

站点：站点代表观察者眼睛的位置（图 1-28）。现实中移动脚步改变观察建筑的位置，同在图纸上旋转平面所得到的结果是一样的，这也就是透视角度的改变。改变透视角度会使得透视图中建筑体块不同方向面的大小发生变化（图 1-29）。

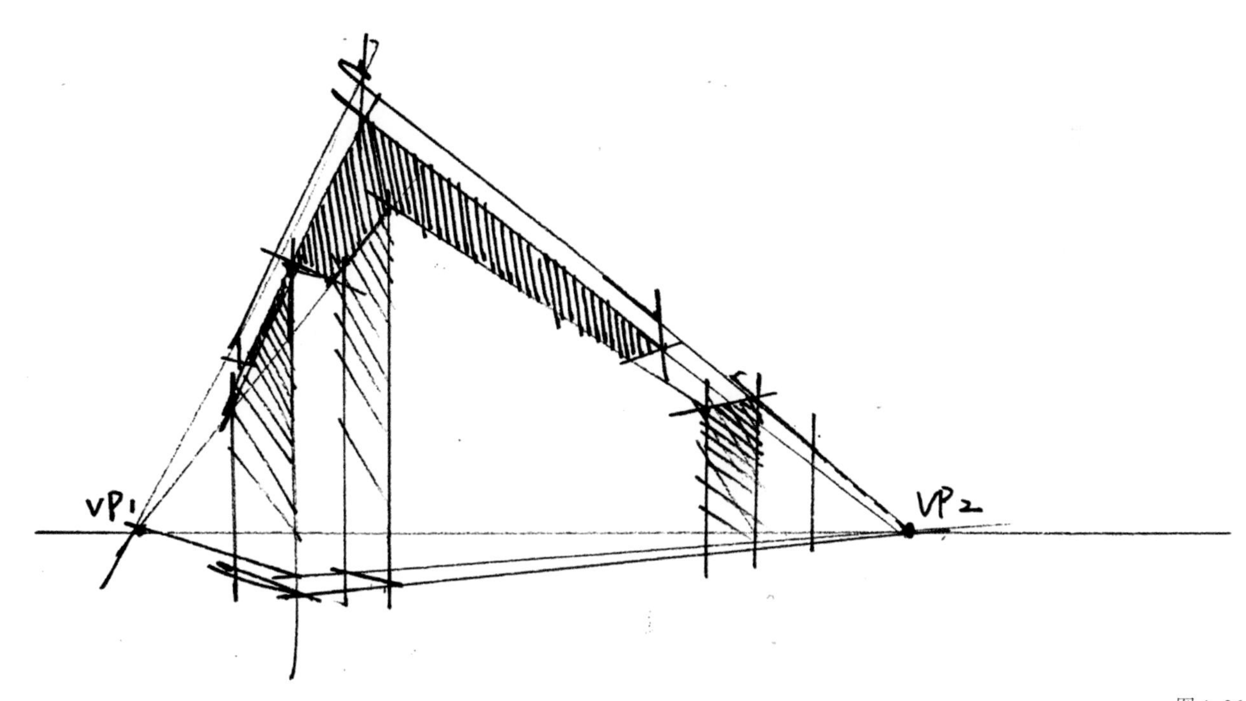

图 1-26
两个灭点距离越近，透视感越强

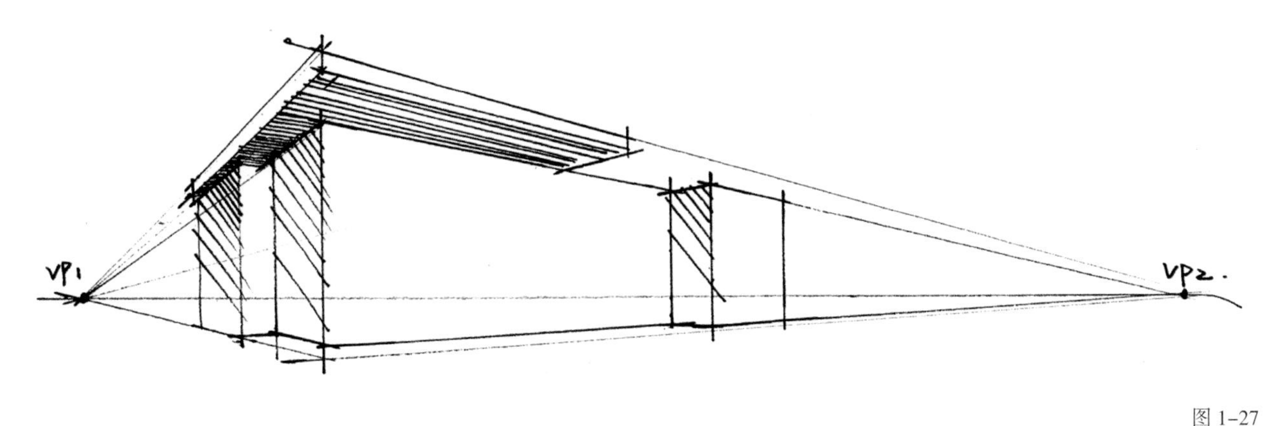

图 1-27
两个灭点距离越远，透视感减弱

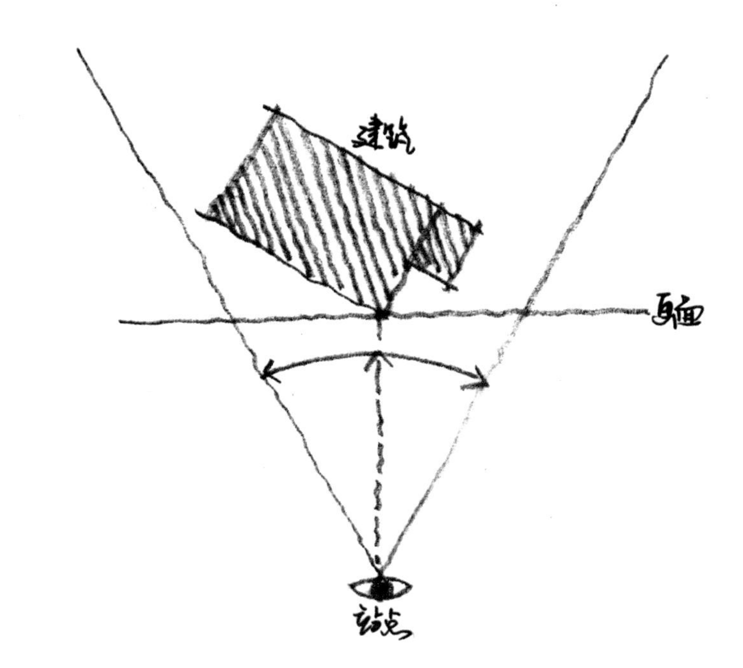

图 1–28
站点位置

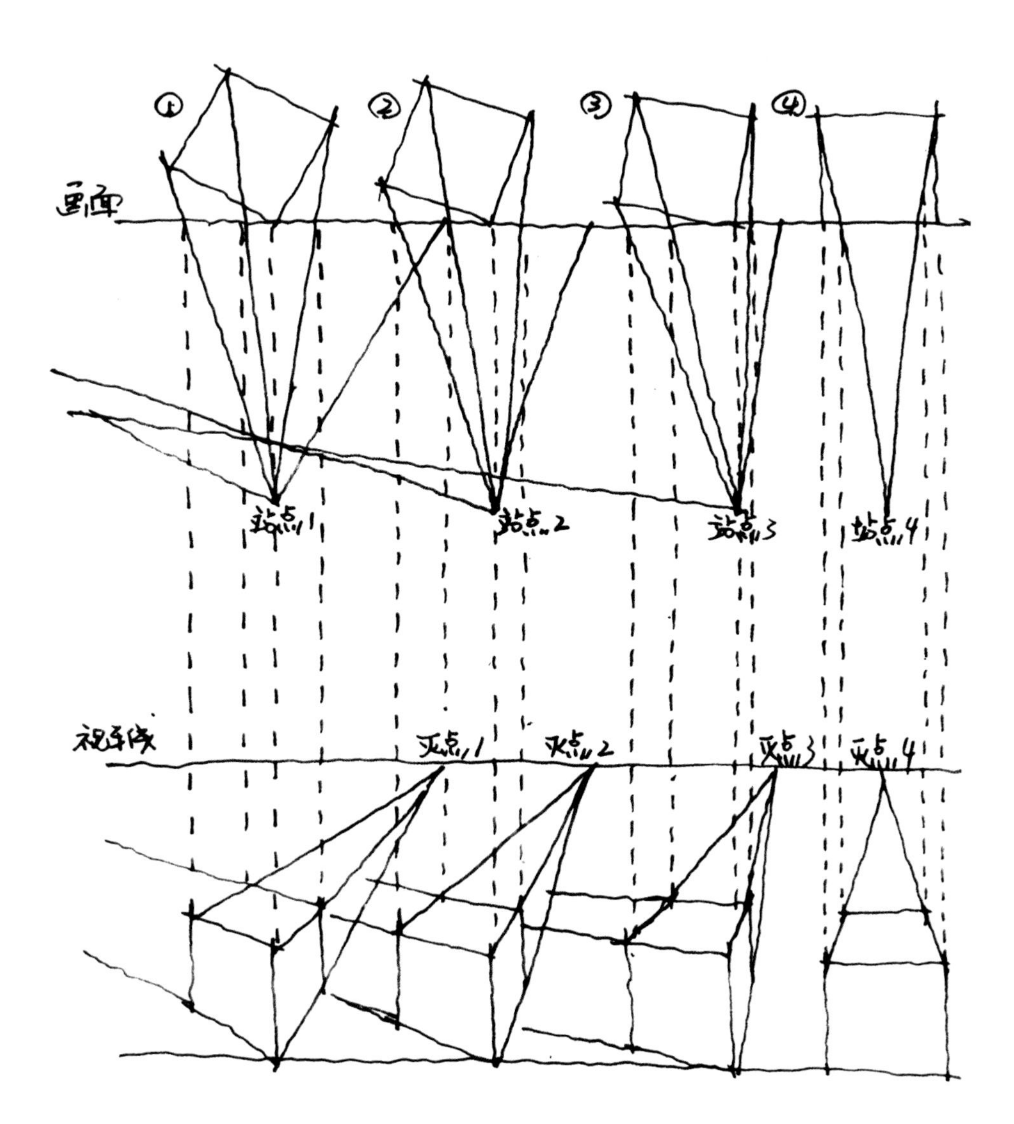

图 1–29
透视角度的变化

1.3.1.2 一点透视

一点透视也称平行透视。其特点如下：

a. 画面上只存在一个消失点（灭点），且消失点在视平线上，也就是说，视平线的高低决定了消失点的高低，而视平线则充当了人眼的高度（图 1–30）。

b. 空间中所有的横线都是水平线，所有的竖线都是垂直线，其本身不存在透视变化。只有纵深的斜线全部相交于消失点上（图 1–31）。

c. 一点透视容易强调空间的纵深感，但容易使画面显得呆板、单调。绘制时可以适当将消失点主观的向右（或向左）稍微偏移，避开中心区域，使得灭点两侧有所侧重，效果会更好（图 1–32）。

图 1–33、图 1–34 清晰地展示了一点透视的基本特征。

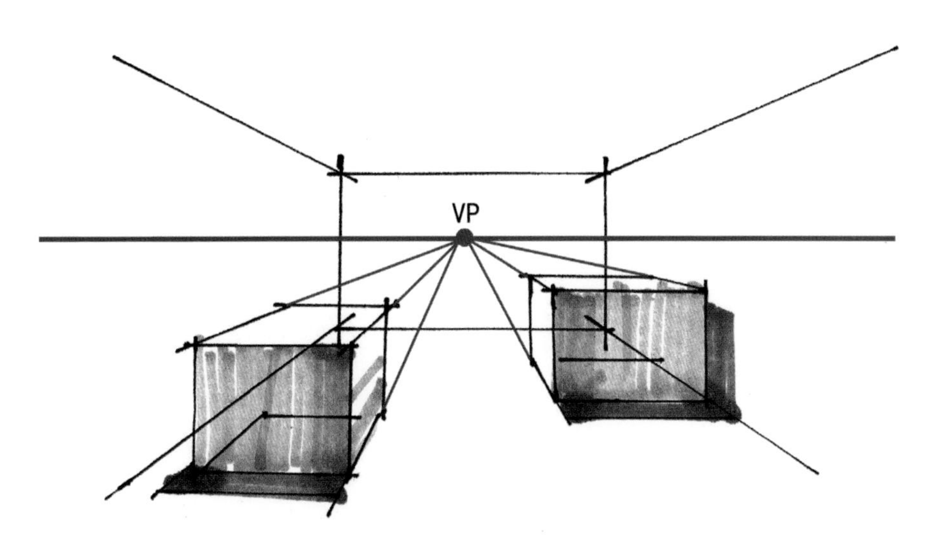

视平线在墙高偏上的位置，灭点也随之偏上

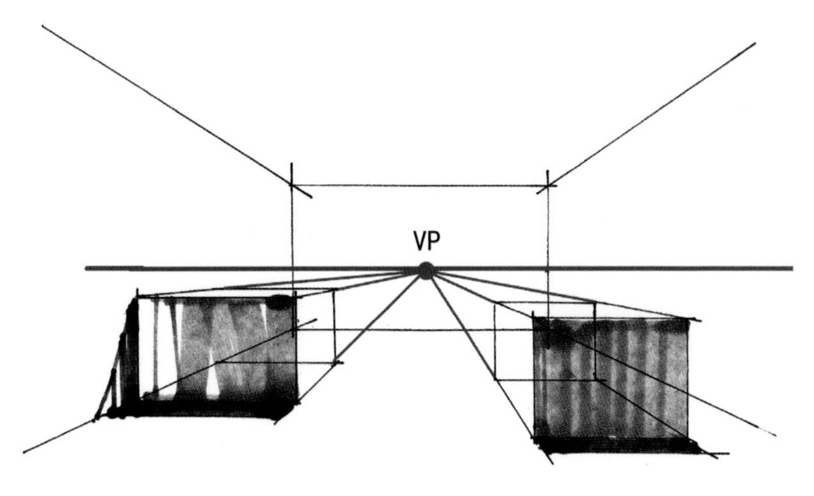

视平线在墙高偏下的位置，灭点也随之偏下

图 1–30
视平线的高低变化

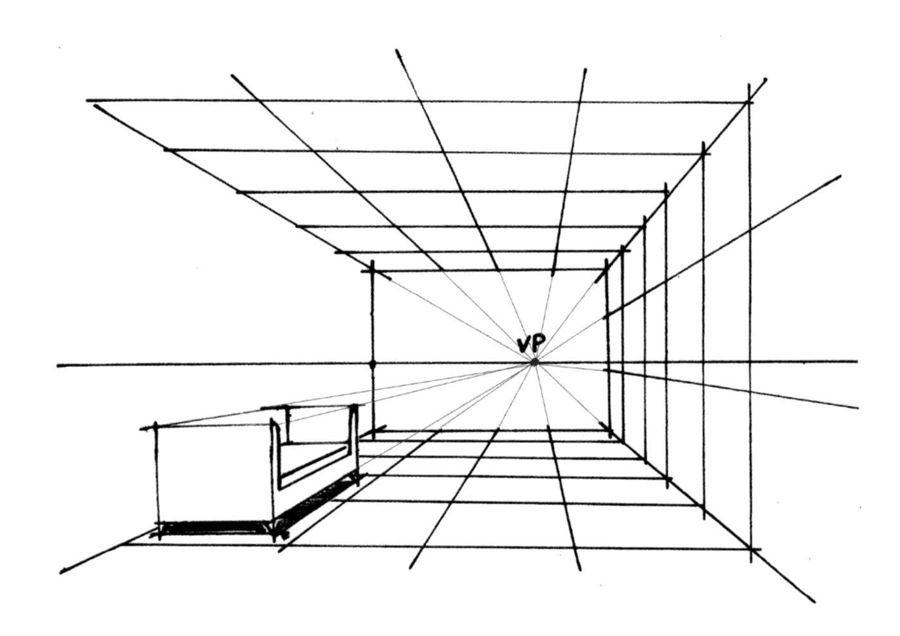

图 1–31
纵深的斜线交于灭点上

图 1–32
一点透视向右稍偏移些的效果

图 1-33
一点透视的表现

图 1-34
一点透视的表现

1.3.1.3 两点透视

两点透视（也称成角透视）的画面效果比较自由，接近人的直观感受，但是不易控制，且表现的空间界面狭小，一般用来表现局部空间效果，其特点如下：

a. 画面上存在两个消失点，且消失点都统一在一条视平线上（图 1-35）。

b. 空间中没有水平线（除与视平线重合的透视线外），所有的水平线因为透视原因都变成了透视线，且分别消失在两侧的消失点上。只有竖线仍处在垂直且相互平行的状态（图 1-36）。

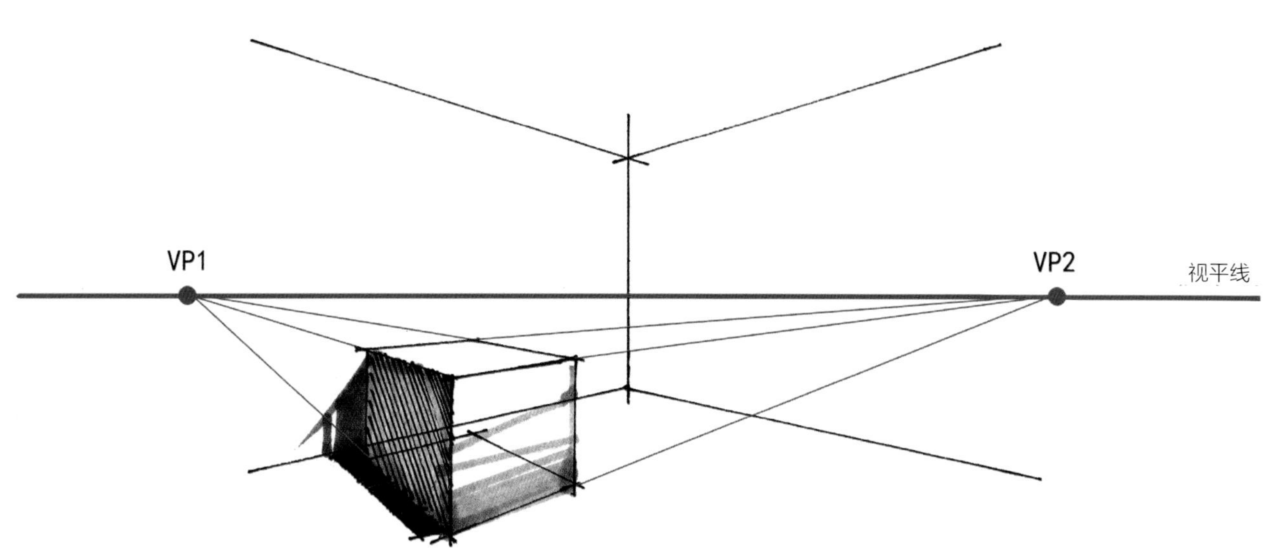

图 1-35
两个灭点都在一条视平线上

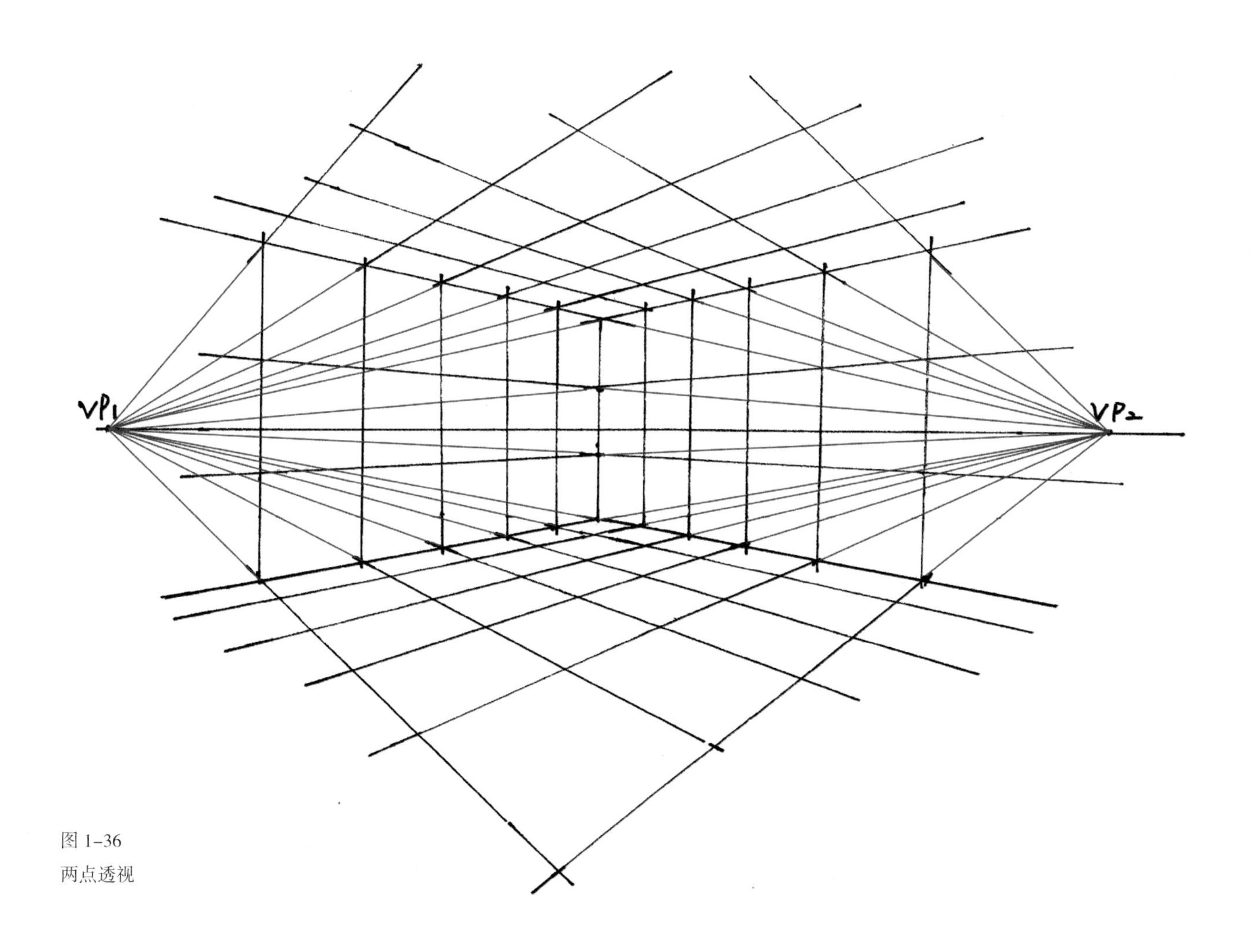

图 1-36
两点透视

c. 在处理两点透视时要注意，两个灭点的定位要尽量远离真高线（墙高线）位置，这样视角会显得正常（图 1–37）。反之则会导致空间视角狭窄，形体变形（图 1–38）。

图 1–39、图 1–40 清晰地展示了出两点透视的基本特征。

1.3.1.4 三点透视

一般我们的设计表达注重给甲方真实可信的感觉，因此在平时的工作中很少用到三点透视图，在这里只是阐述下原理供大家理解。

当视线不是水平而是俯视或者仰视的时候，物体的垂线也会产生灭点，即出现第三个灭点。这第三个灭点可以在真高线上直接测量出来并做出记号，所有画面线上的点在求垂线的时候就需要引向灭点，于是透视图就变成了三点透视（图 1–41、图 1–42）。

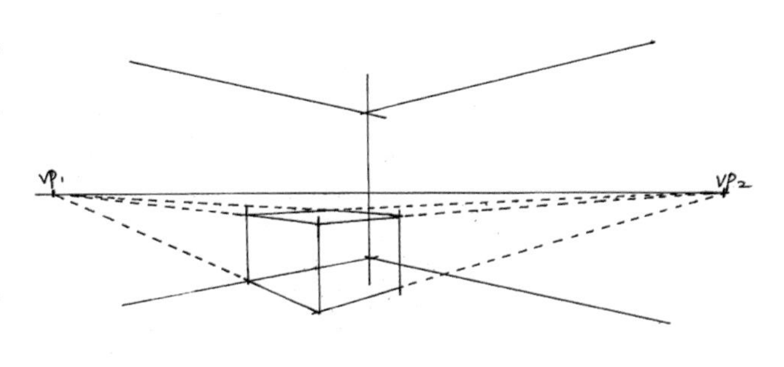

图 1–37
灭点远离真高线

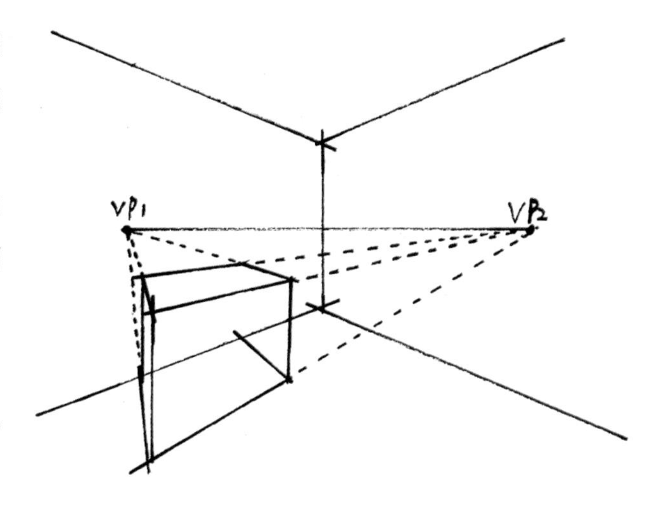

图 1–38
灭点处理不当

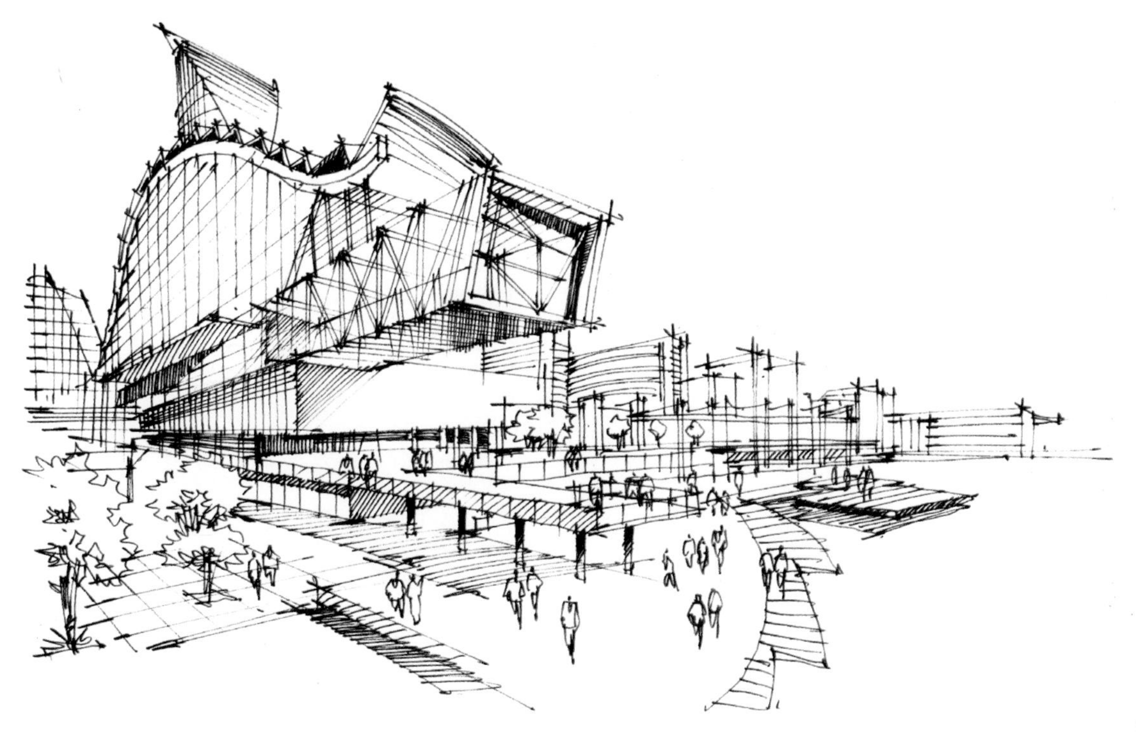

图 1–39
两点透视表现

图 1-40
两点透视表现

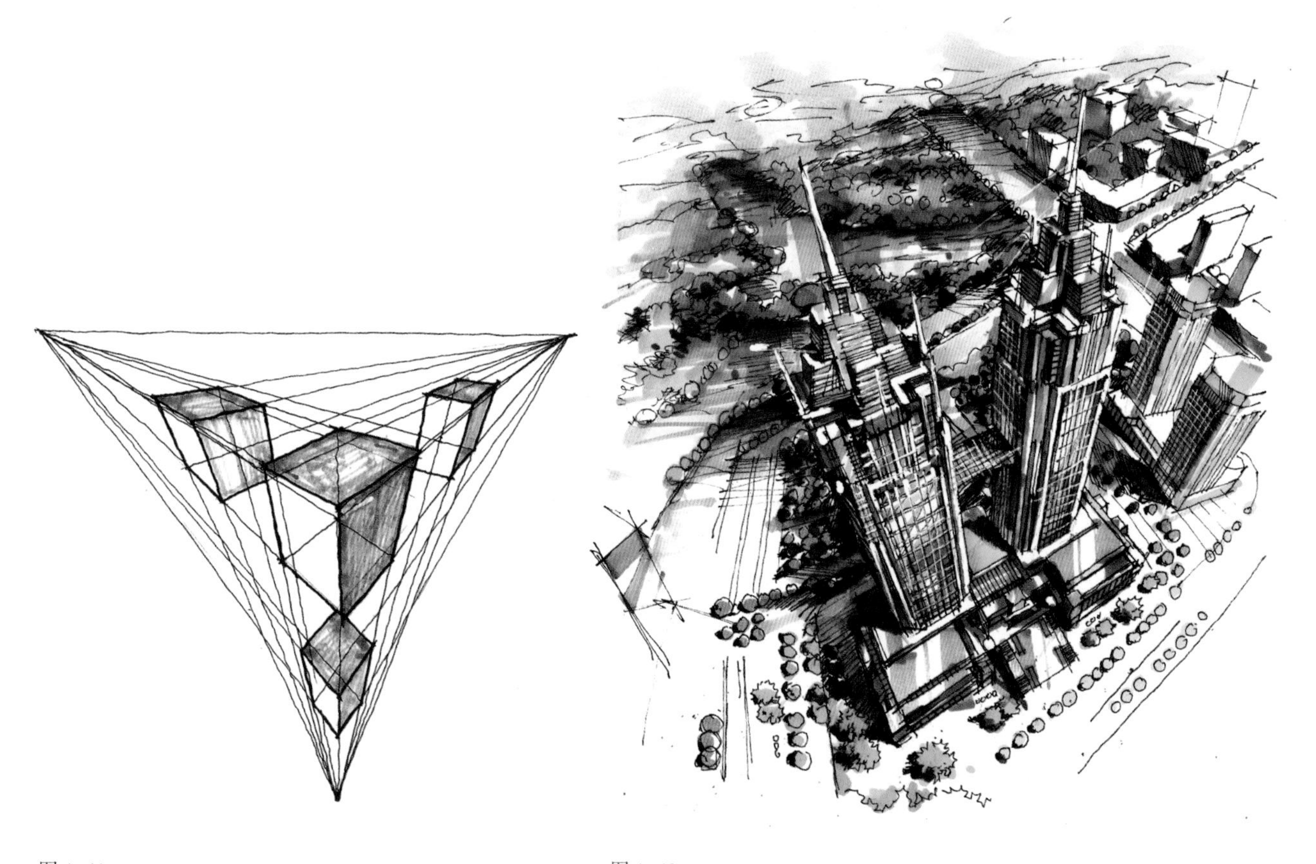

图 1-41
三点透视

图 1-42
三点透视表现

1.3.1.5 圆形透视的表达方法

圆形或近似圆形等特殊形体是初学者最怕画的部分。在这里介绍一种简单的方法，就是借助正方形和辅助线画出圆形或椭圆形（图 1–43）。首先画出正方形的透视，在其上画出辅助线，最后依据辅助线描出圆弧。借助基本形体和辅助线也是在手绘草图中常用的方法（图 1–44）。

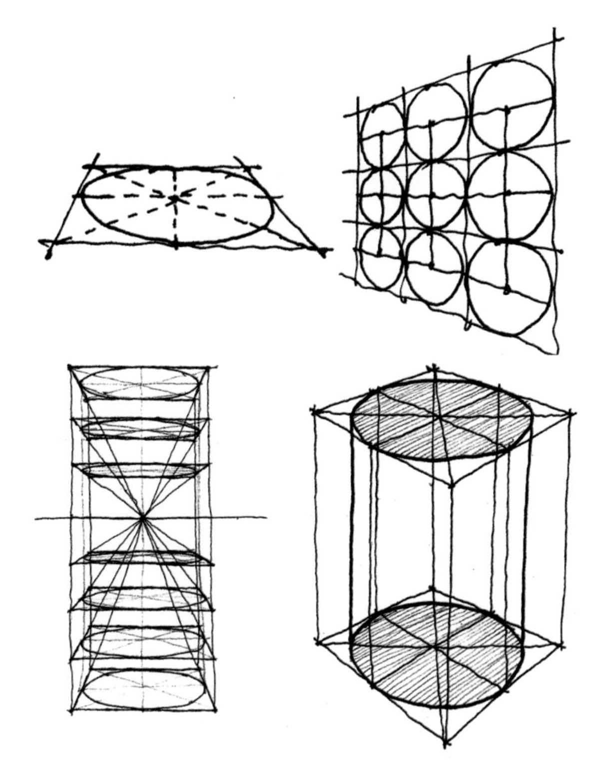

图 1–43
图形透视

1.3.2 透视规则的实用方法

在绘制透视图中，为了保证画面主次清晰，多数情况下不赞成 45° 角透视（图 1–45)，而建议采用 60° /30° 角透视，甚至 70° /20° 角透视(图 1–46)。

45° 角透视的最大问题就是形体的正、侧面被均匀表达，很容易造成看图人在潜意识层面无所适从。正确的做法是每一张透视图都以至少 30° 角透视表达，并且有明确的主次。

图 1–44
借助基本形体和辅助线手绘

图 1-45
不用 45° 角透视

图 1-46
采用正确的透视角度

1.3.3 透视与距离感的营造

如果我们绘制的建筑空间，远近的细节都详细描绘而没有取舍，就会造成“真空”的感觉，画面也就没有了生命力。而有距离感的画面，更有身临其境的感觉，更有生活气息，更容易打动人。简单来说，只要在画面中突出主次、明确细节，才能更加突出前景和中景，才能使得画面的变化更加打动人（图 1-47、图 1-48）。

图 1–47
画面中突出主次，明确细节

图 1–48
突出前景和中景

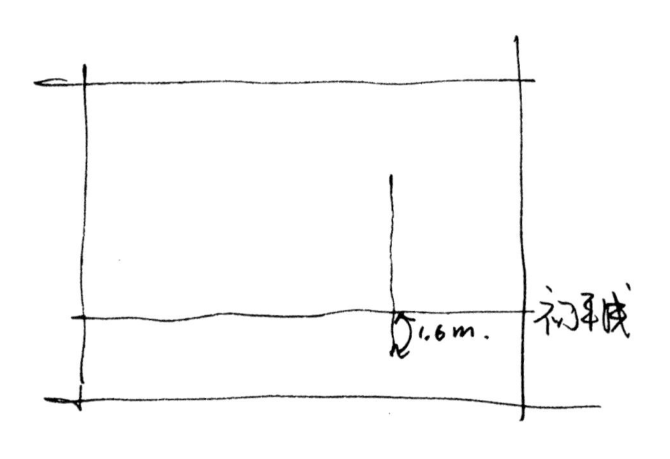

图 1-49
步骤 1

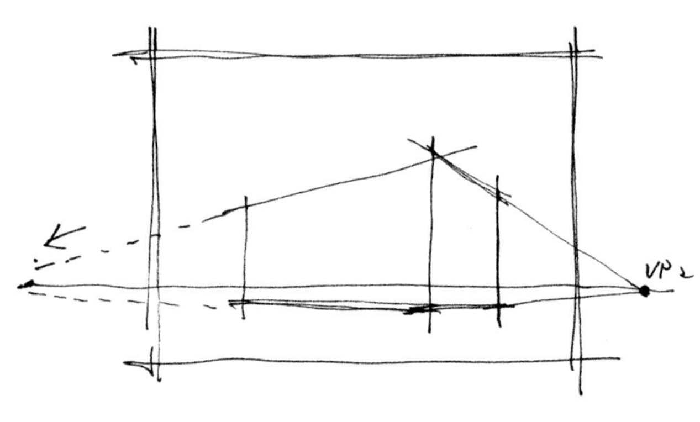

图 1-50
步骤 2

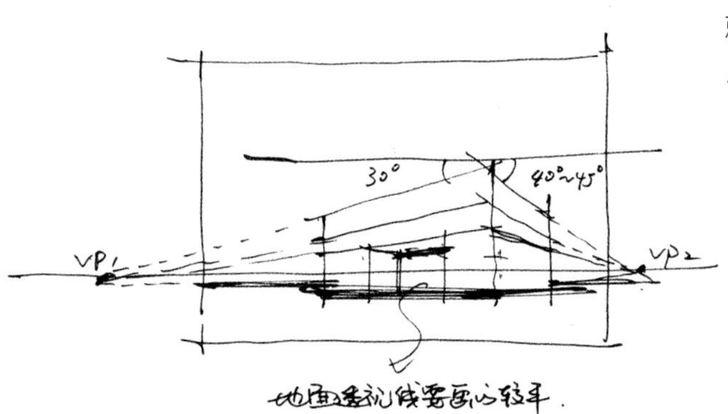

图 1-51
步骤 3

1.3.4 透视的快速画法

许多教科书中都会讲到透视，其大多都是画法几何的方法，但在手绘草图中采用画法几何这种方法会显得很繁琐，阻碍思维的展开。常听到很多绘者把能够准确画出透视的能力归纳为“感觉”好，那么这种“感觉”是怎么来的呢? 这里介绍一个既快速又准确的作图技巧。

a. 先在图纸上确定要画的透视图的大致范围，然后在稍微偏下方的位置画一根视平线，再在形态最突出的位置画一根真高线（可先用比例尺量出垂线的高度），视平线以下量 1.6m 左右即是形态地面上的点（图 1-49）。

b. 确定灭点，通常对于两点透视来讲，灭点尽可能不要定在纸内。其实灭点定在什么位置，理论上都是成立的（只要是在建筑形体之外即可）。常见的是将主立面的灭点定的稍远些（甚至在纸外），次立面的灭点定的近一些（图 1-50）。

c. 确定好灭点后，要利用形体真高线来确定建筑的高度。建筑主立面最高点的透视线不可画的过斜（通常与水平线夹角在 30° 左右），次立面的最高点斜度大致在 40° ~ 45°。视平线以下的透视线通常较平，这是因为视平线与地面距离较近的缘故。一旦这些透视线的角度超过了正确角度，透视就会看着别扭，建筑面就会有翘起或外翻的感觉（图 1-51）。

1.4 建筑造型的正确训练方法

1.4.1 几何概括法

几何概括法是非常重要的一种抓形方法，必须熟练掌握。在画一个建筑物之前首先要将其概括成多个几何体的组合，便于分析出形体部分是相交、穿插或是咬合，然后在几何结构明确的基础上进行细致深入，就可以准确表达建筑的细节了（图 1–52）。

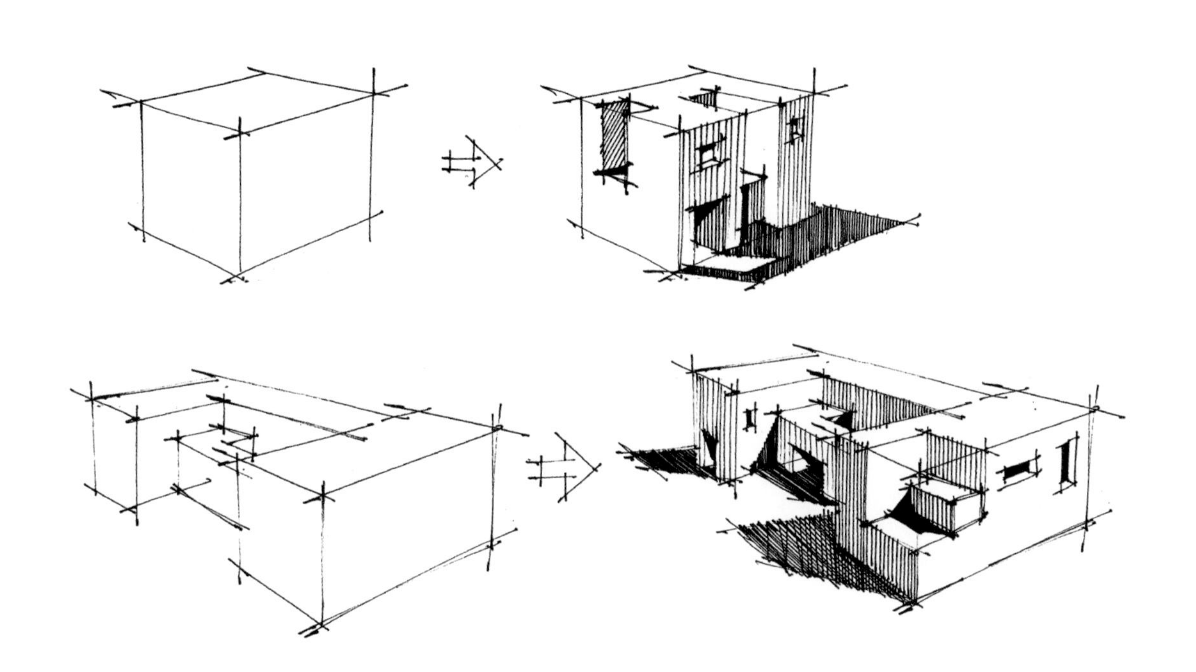

图 1–52
几何概括法

1.4.2 结构概括法

结构抓形法，实际上是按照物体的生成规则把握形体，也称为“透明”抓形。如果物体之间相互遮挡，应该先画“透明”物体，把前后的物体都“透明”地画出来，再根据物体前后的遮挡情况整理物体的轮廓，只有这样，被遮挡的物体才不会出现错位和别扭的现象。在实践中是一种“先浅后深”的绘制过程，先用浅色铅笔（或绘图笔的虚线）画出建筑结构，再利用深色铅笔（或绘图笔的实线）逐步深入，同时不必担心先画的那些被遮挡物体的线条会影响画面效果，因为随着关键线条的不断加重，这些先画的浅线条会很快成为衬托性的“笔触”，反而能使画面更加潇洒（图 1–53）。

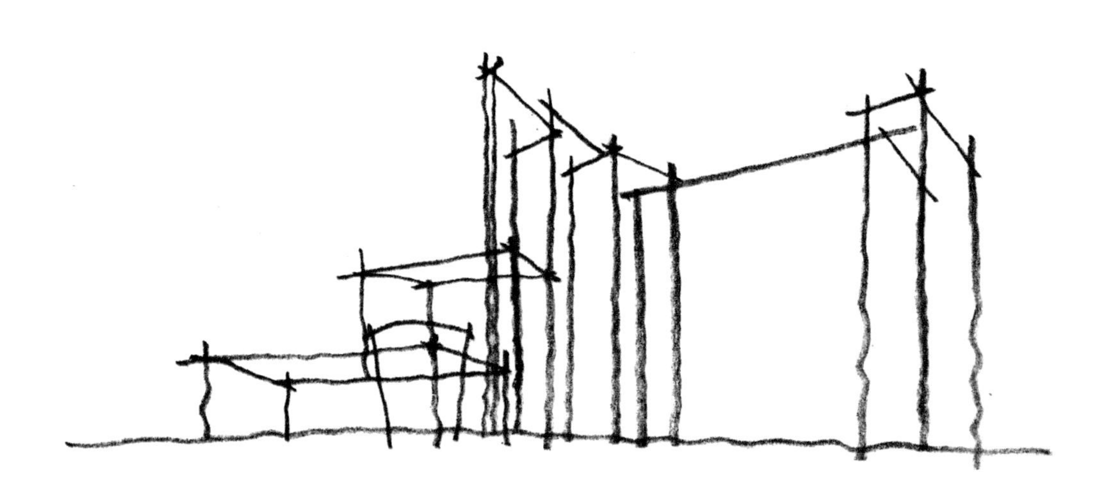

图 1–53
结构概括法

1.5 建筑空间明暗关系的表达

1.5.1 明暗

明暗实际上也是画面黑、白、灰三者间的关系。单纯用线条绘制成的空间框架不足以体现完美的形体质感，而加入明暗效果后，这些不同的深浅表面能够给人的眼睛造成实体的感觉，也就是有了“立体感”（图 1–54）。

主要的明暗变化实际上是亮面和暗面的对比效果产生的，亮面和暗面互相映衬，使得物体给人的眼睛造成了立体感、真实感。亮面和暗面的交界区域为明暗交界线，无论是明显曲折还是圆滑曲折，我们都会强化明暗交界区域，使物体的转折关系更加明显。在明暗交界线和亮面之间的区域属于过渡区，也称作灰面（图 1–55）。方形体块转折关系明确，明暗交界线部分画的较实；圆柱和球体没有明显的转折面，因此需要体现过渡面，也就是灰面。

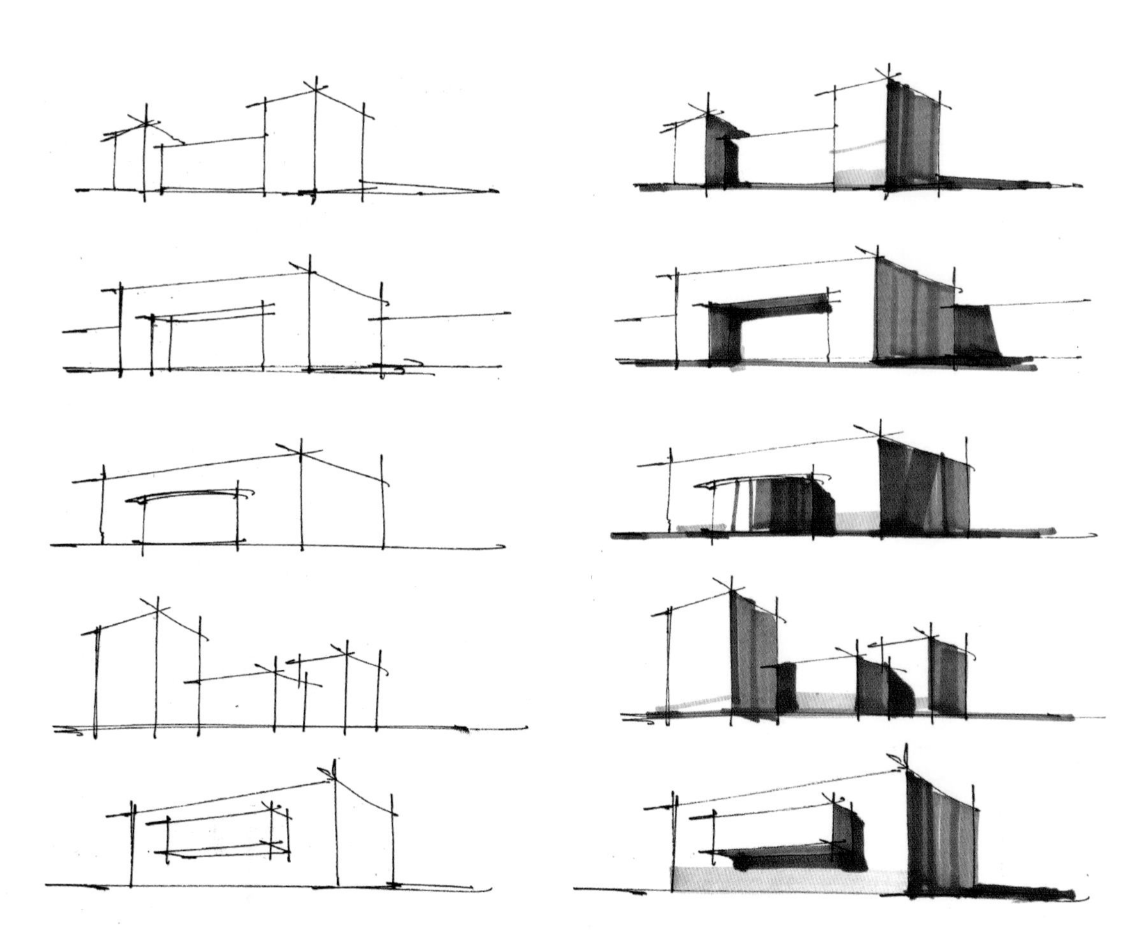

图 1–54
在空间框架上加入明暗效果

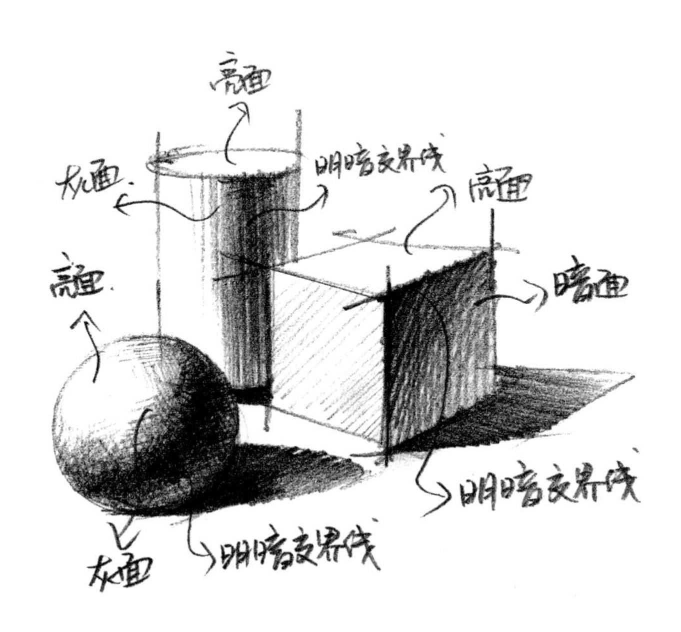

图 1-55
明暗交界线

在手绘表达中通常会简化明暗关系的塑造，其原因有两点：一是为了快速体现设计、节省时间（图 1-56）；二是为了给马克笔上色腾出空间，避免出现因调子过多而导致颜色不明显的迹象。所以，无论使用何种工具，只要大致体现块面转折关系和阴影效果即可（图 1-57）。

图 1-56
简化明暗关系

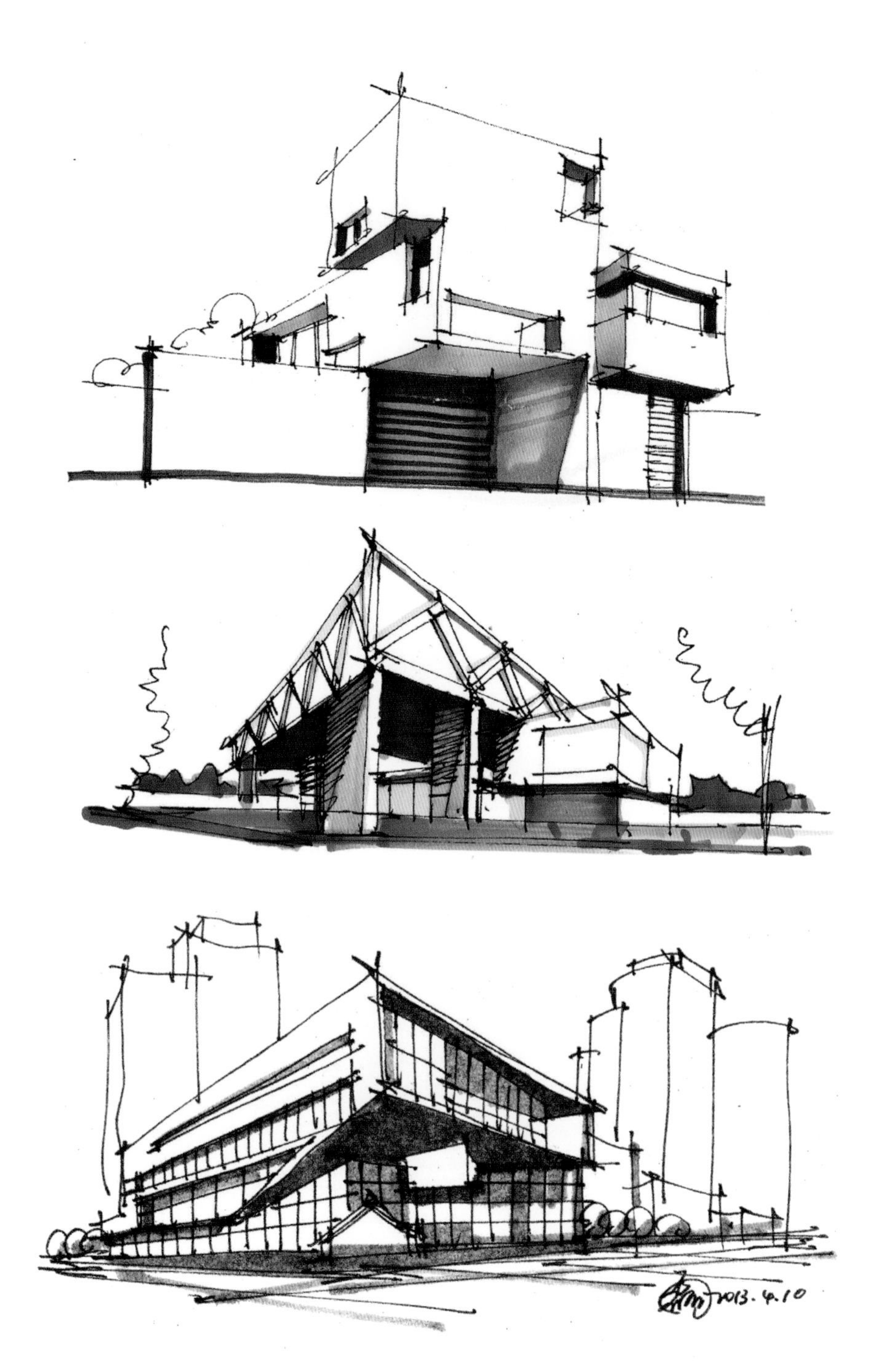

图 1-57
避免过多明暗，方便马克笔上色

表达明暗时的线条排列也是需要注意的（图 1-58）：

铅笔（彩色铅笔）排线：看似随意的线条实际上很注重明暗的渐变效果，明暗交界线部分最重，反光部分较亮。

绘图笔排线：绘图笔不能做到铅笔的细腻柔和效果，因此需要耐心排出均匀的线条，要注意整齐而不失潇洒。

马克笔排线：马克笔排线时可根据物体块面大小选择宽头还是细头，用笔的变数不宜过多，还要有规律地组织线条的方向和疏密。

图 1-58
表达明暗时的线条排列

图 1-59
退晕效果

1.5.2 渐变

渐变也可称作“退晕”，主要用来体现物体块面在光线影响下由深到浅的过渡变化。例如物体暗面的处理往往要体现出渐变效果，这样才会区分出暗部和反光的变化，阴影在物体边缘部分较重，远离物体边缘则变得较浅，在处理时也要相应画出渐变（图 1-59）。

有时我们在绘图时可以主观强化色彩和明暗的渐变效果，它能够让空间的虚实感更强，增强空间层次，让画面更加富有生命力（图 1-60）。

对于工具而言，铅笔（彩色铅笔）的渐变效果最好处理；绘图笔需要利用线条的疏密变化做出渐变，或者利用多层次的线条叠加来表现；而马克笔由于不容易绘制出渐变，则需要两只以上的同类色做出“笔触”感。其笔触大致可运用摆笔、挑笔、点笔和留白等方法（有关马克笔的笔触我们在后面章节会有具体讲解）（图 1-61）。

图 1-60
强化色彩和明暗的渐变效果

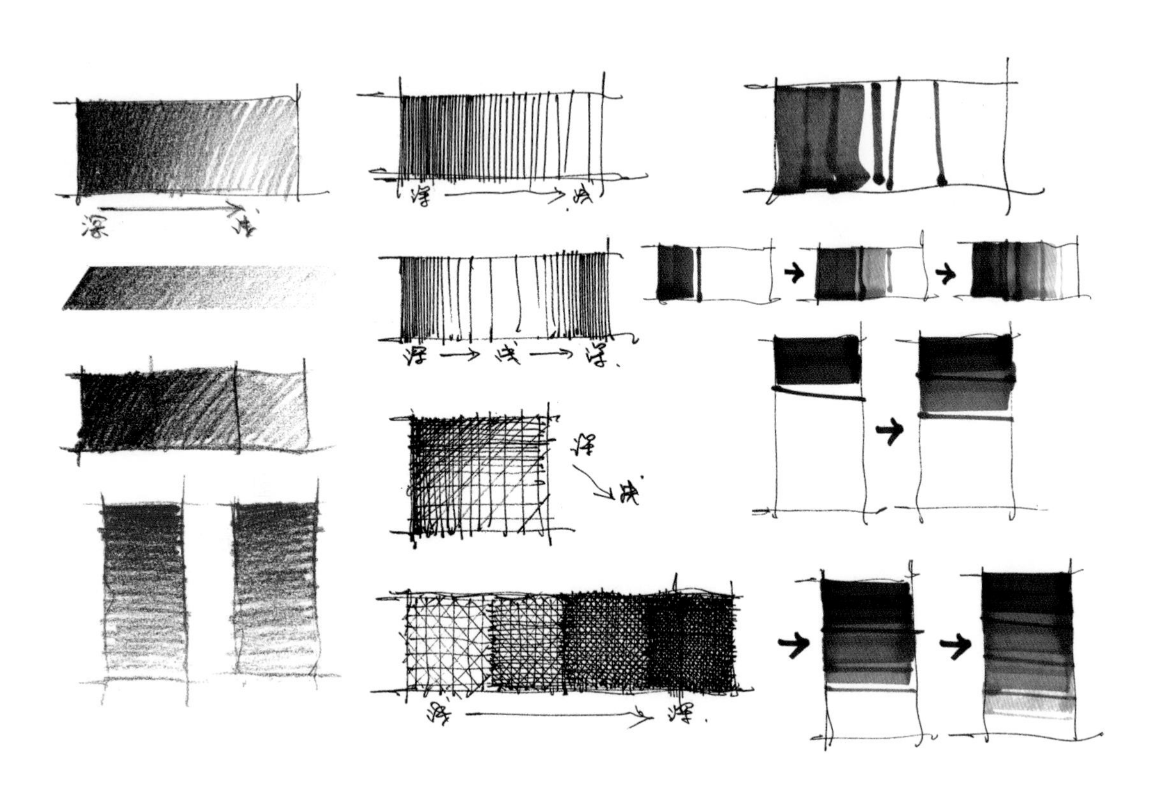

图 1-61
马克笔的笔触

1.5.3 阴影

阴影也是使得物体形成立体感、真实感的重要因素。建筑空间中主要的光线来源于自然光和人造光。光线会随着不同时段的照射而出现角度变化，但在手绘表现中大多是斜 45° 角的阴影（图 1–62）。在手绘表现中，需要客观地反应空间物体的阴影，但如果严格按照画法几何去求阴影会比较麻烦，我们也没必要这样去做，一般都会处理相对模式化（图 1–63、图 1–64）。

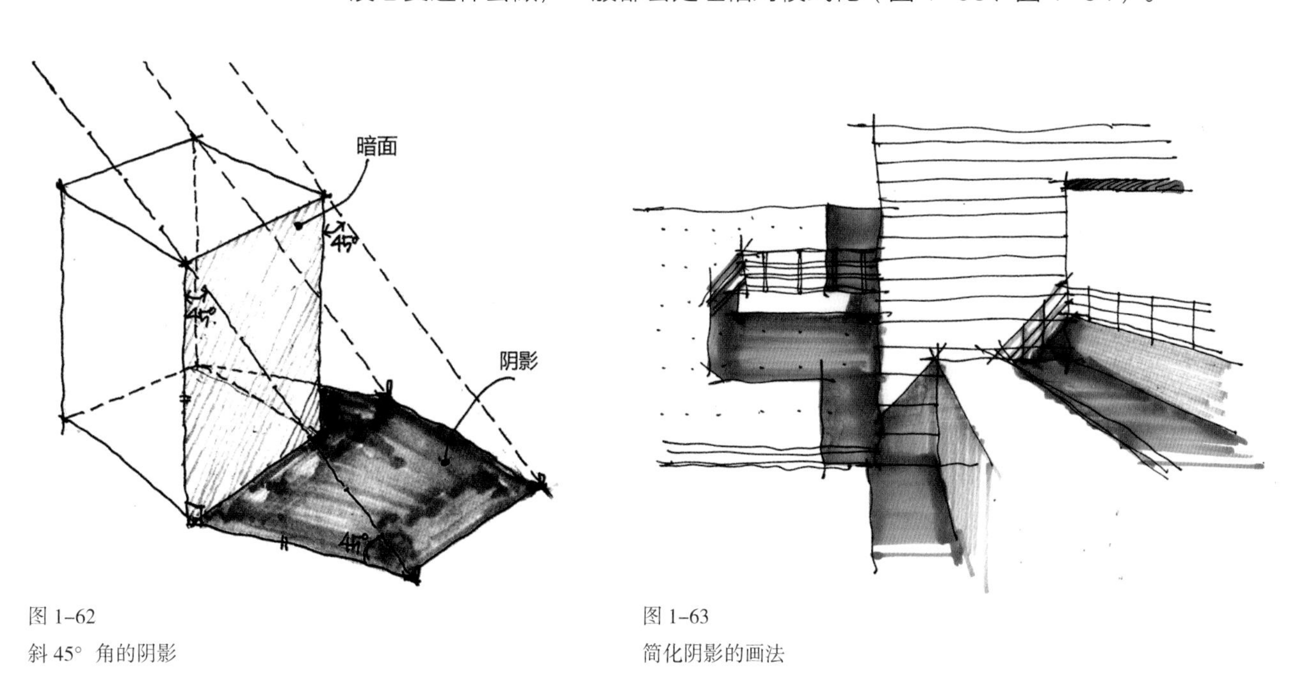

图 1–62
斜 45° 角的阴影

图 1–63
简化阴影的画法

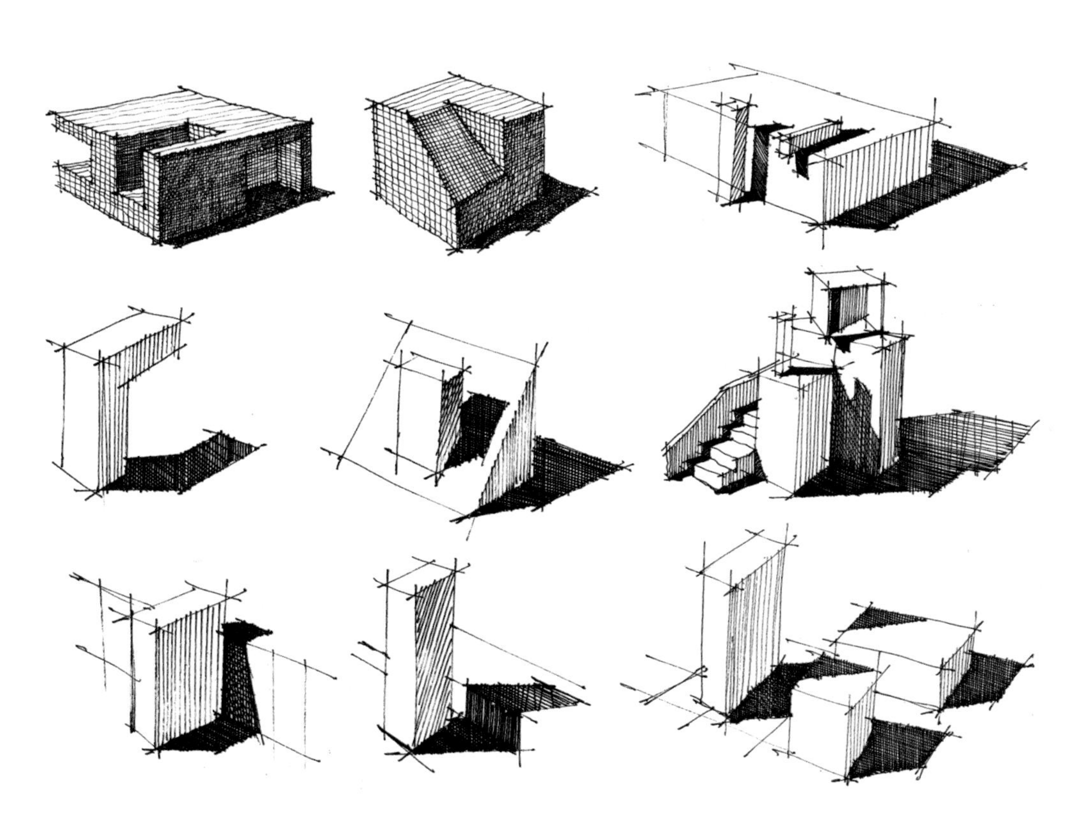

图 1–64
阴影的表达

第二章 建筑设计手绘实用上色技巧

2.1 正确认识现实中的色彩

大部分学生在着色的时候都不会考虑色彩的真实性。例如，画玻璃就一定会画成鲜蓝色，画天空就一定会画成淡蓝色，画绿地就一定会画成纯绿色。实际上，现实生活中的色彩并不是那么鲜艳和耀眼的， 特别是建筑的门窗玻璃，很多人会毫不犹豫地画成较鲜艳的颜色，只要用自己的眼睛细致观察便会发现，普通门窗玻璃的真实颜色是灰色的，只是建筑的顶层有时会由于天空的反射而趋向于蓝色而已（图 2-1）。

图 2-1
学会观察玻璃的颜色

放眼整个室外空间，观察所处环境的建筑到底是什么颜色，包括门窗玻璃、墙体及周边配景，并将其拍照，再分别进行速写提炼，体会自我感受的表达与设计师进行色彩控制的差别（图 2-2）。图 2-3 使用了灰色画玻璃，而不是采用较鲜艳的蓝色来画，由此可见认识现实色彩的重要性。

图 2-2
拍摄不同类别建筑物的照片

图 2-3
对照片进行速写提炼

2.2 实用上色的注意事项

2.2.1 避免教条色彩

所谓教条色彩，即头脑中人为定义的一些颜色教条，全然不管现实生活中的客观色彩。最明显的就是一幅画面中各个物体表面色彩几乎完全不相干，都是按照人们心里认为的固有色彩来画，不懂分析色彩间的规律性，结果造成了画面色调不统一。

作为设计师，并不是对鲜艳色彩的掌控能力越强就表明其色彩感觉越好，越能控制画面趋近于黑白灰；越能控制色彩的“度”，才是越有设计感觉的证明。所以要多多观察现实中的色彩，通过分析、对比、尝试来总结出各自的一套上色规律（图 2-4~ 图 2-7）。

图 2-4
天津财经大学校园建筑（一）

图 2-5
天津财经大学校园建筑（二）

图 2-6
天津财经大学校园建筑（三）

图 2-7
天津财经大学校园建筑（四）

2.2.2 追求协调统一的色调

由于浮力的存在，导致尘埃的漫反射，因此物体的亮面、暗面往往都会笼罩在或强或弱的统一色调之中。

从画面角度上讲，色彩斑斓的画面，一般会被认为色彩等级较低；而色彩统一的画面，则会被认为色彩等级较高（图 2–8）。

在训练的起步阶段，建议大家先着重训练黑白灰和色调统一的能力，待熟练后便可逐步向多色彩过渡（图 2–9）。例如，我们可以尝试冷暖色调的空间表达、同一画面的不同色调表达等，在实践中训练统一色调的能力（图 2–10~图 2–13）。

图 2–8
画面的色彩等级

图 2–9
着重黑白灰的单色训练

图 2–10
暖色调的空间表达

图 2–11
冷色调的空间表达

图 2-12
冷暖色调的训练（一）

图 2-13
冷暖色调的训练（二）

2.2.3 加强局部对比

前面我们提到了色调统一会显得高级，但是过于统一，也会给人“单调”的感觉，因此还需加入局部的对比色彩来进行调节，让画面显得更加丰富，我们称之为“大统一、小对比”（图 2-14、图 2-15）。

图 2–14
对比色彩的运用

图 2–15
加入蓝色使画面更加丰富

2.3 马克笔的使用技巧

2.3.1 马克笔的形态

马克笔的颜色丰富，有灰色系列（暖灰 WG 和冷灰 CG）、蓝色、绿色、红色、粉色、黄色和木色系列等，每个系列颜色都有对应的色号，方便使用者更好地寻找颜色。再次提示初学者，选择颜色时要多用偏灰的颜色，避免过于艳丽的颜色。

马克笔着纸后会快速变干，两色之间难以融合，因此不宜多次叠加颜色。另外，马克笔笔头较小，不宜大面积着色，排笔时要按照各个块面结构有序地排整，否则容易画乱（图 2-16）。

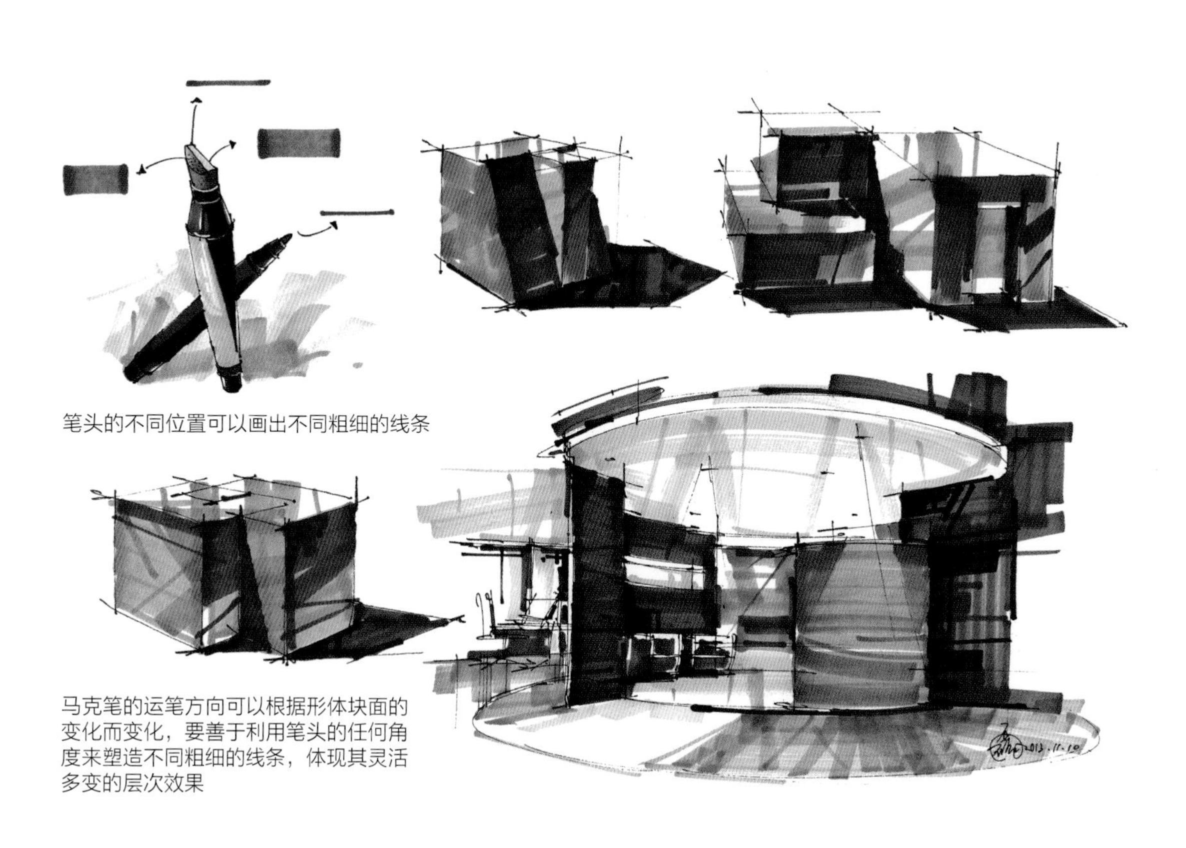

图 2-16
马克笔的排笔方法

下面我们来观察下马克笔的笔头形态（图 2–17）。

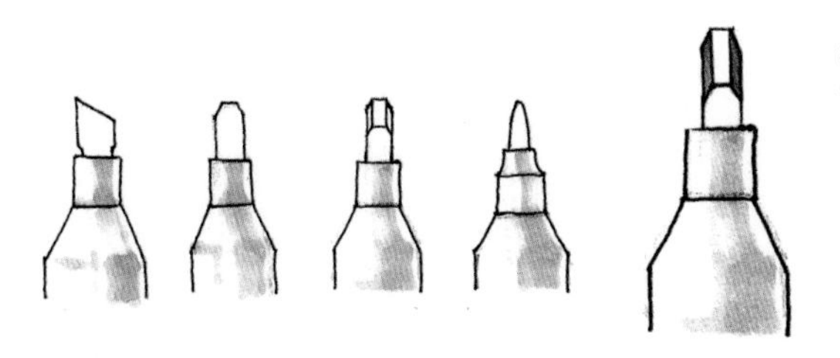

图 2–17
不同的马克笔笔头形态

宽头部位一般用来大面积着色（图 2–18）。

图 2–18
不同笔头的表现（一）

稍加提笔可以让线条变细（图 2–19）。

图 2–19
不同笔头的表现（二）

变换笔头方向，用顶端可以画出纤细的线条（图 2–20）。

图 2–20
不同笔头的表现（二）

小笔头可以画出较细的线条，适合处理画面细节部位（图 2–21）。

图 2–21
不同笔头的表现（四）

2.3.2 马克笔的笔触特点

马克笔的笔法和钢笔的笔法如出一辙，着色时要注意笔触的线条感，其关键在于“稳定”二字，每一笔都要稳当明确，切忌匆忙落笔、线条潦草。同时也要做到心态放松，敢于表现，这样画出的表现图才能通透、大气，有张力（图 2–22、图 2–23）。

马克笔的运笔强调快速、明确、一气呵成，并追求一定力度，画出来的每条线都应该有较清晰的起笔和收笔的痕迹，同时运笔的速度也要稍快，这样才能体现干脆、有力的效果（图 2–24、图 2–25）。

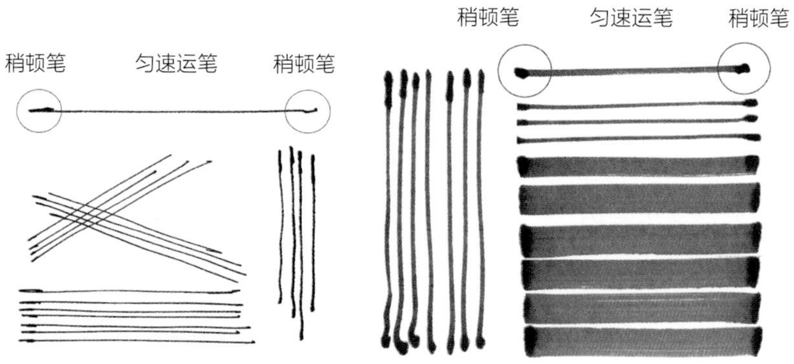

稍顿笔 匀速运笔 稍顿笔

稍顿笔 匀速运笔 稍顿笔

图 2–22
运笔方法示意图

图 2–23
运笔表现训练

图 2–24
马克笔的运笔

图 2–25
马克笔的笔触

容易出现的问题：

a. 运线时胆怯，不敢一气呵成，导致线条无力（图 2-26）。

b. 运笔过程中笔头抖动，出现锯齿现象（图 2-27）。

c. 收笔过于草率，线条不完整（图 2-28）。

d. 笔头没有均匀接触纸面（图 2-29）。

图 2-26
线条无力

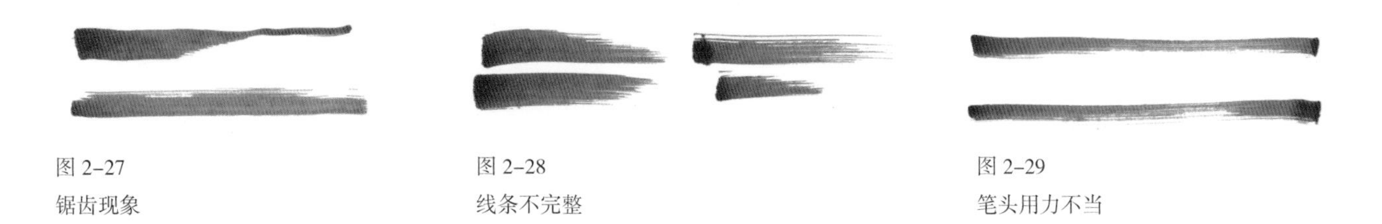

图 2-27
锯齿现象

图 2-28
线条不完整

图 2-29
笔头用力不当

一幅表现图中的物体如果全是单层直线笔触，画面就会显得呆板，整体感较弱。因此绘者需时常进行笔触叠加，它能产生丰富自然且多变的微妙效果（图 2-30）。

笔触过渡较简单的做法：当笔触摆到块面一半左右位置时，开始利用折线的笔触形式逐渐地拉开间距，以近似“N”字形的线条去做过渡变化，需要注意的是，收笔部分通常以细线条来表现（图 2-31 ~图 2-33）。

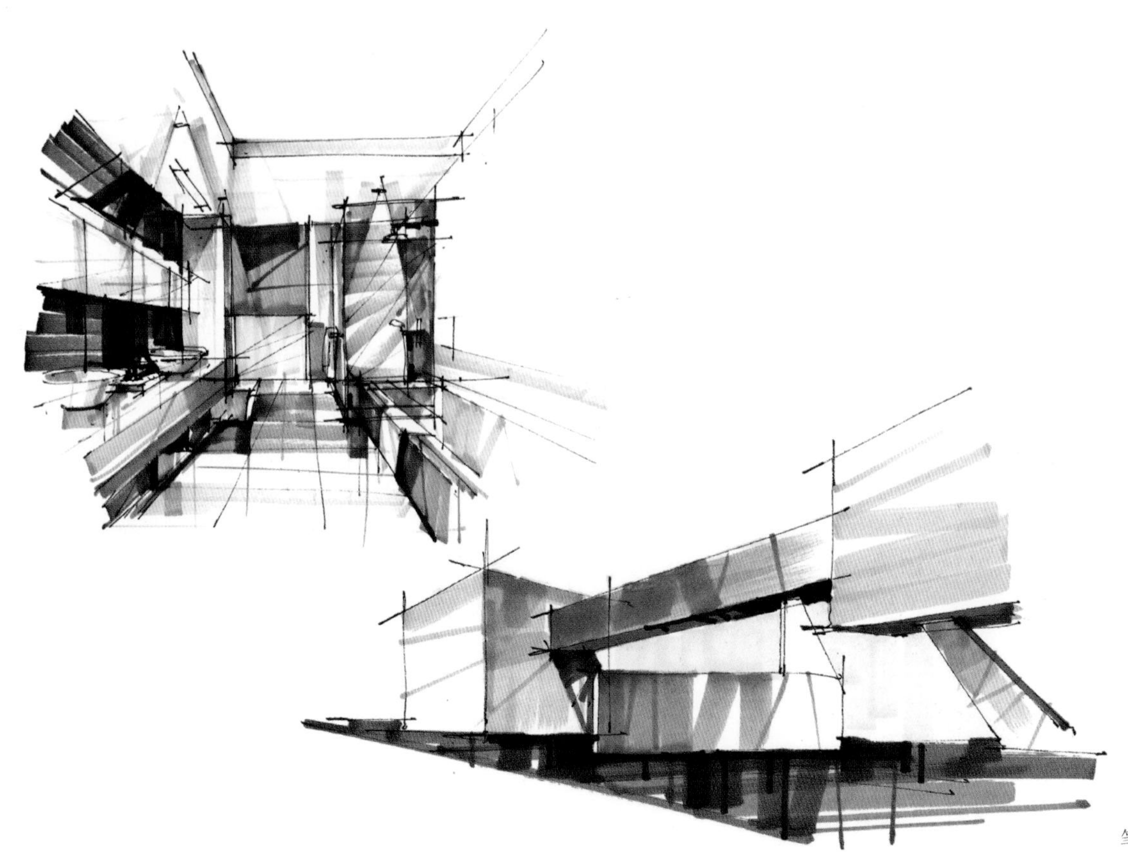

图 2-30
笔触的叠加效果

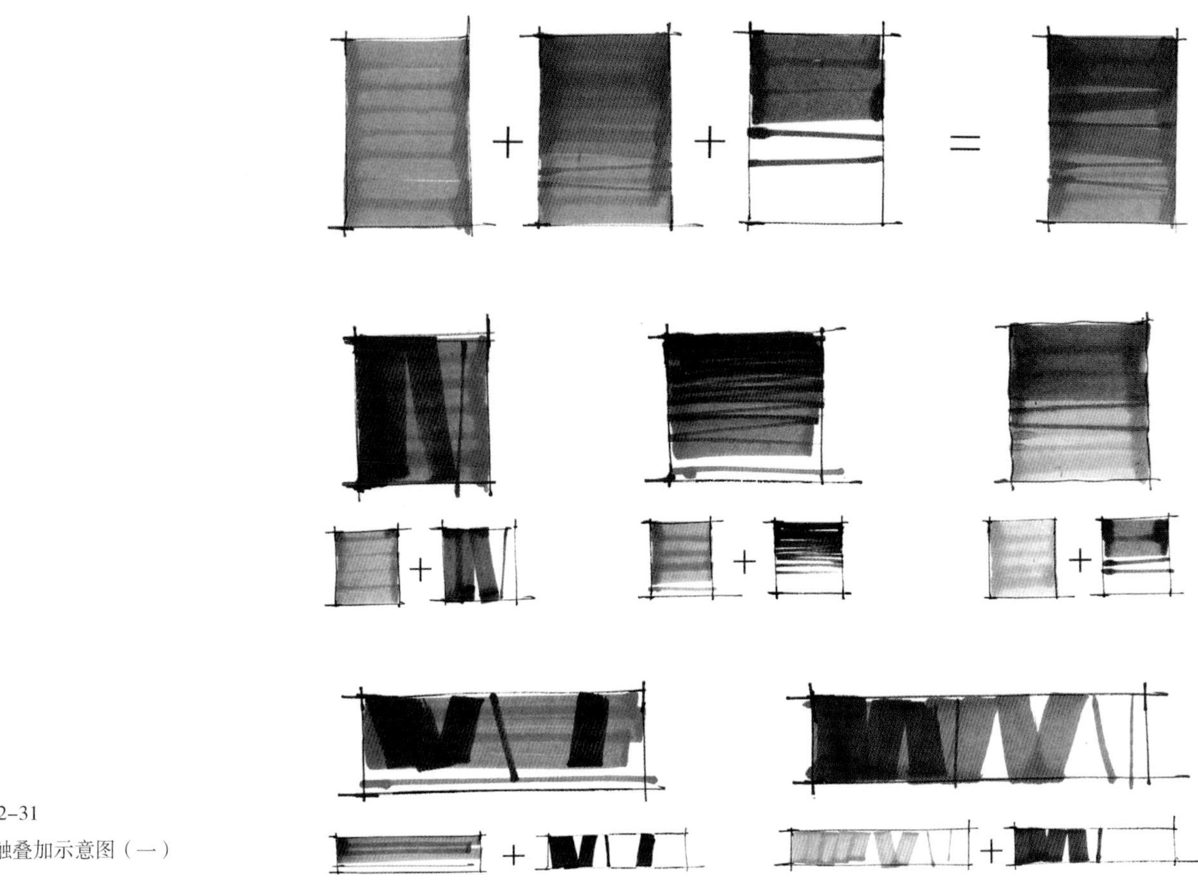

图 2-31
笔触叠加示意图（一）

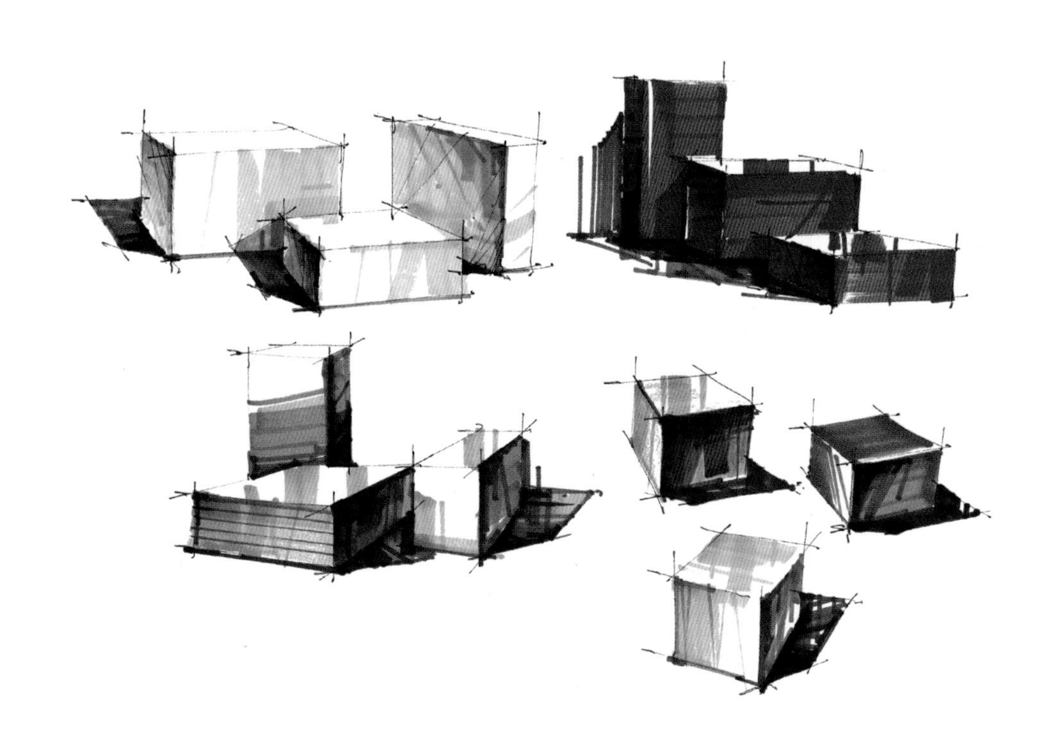

图 2-32
笔触叠加示意图（二）

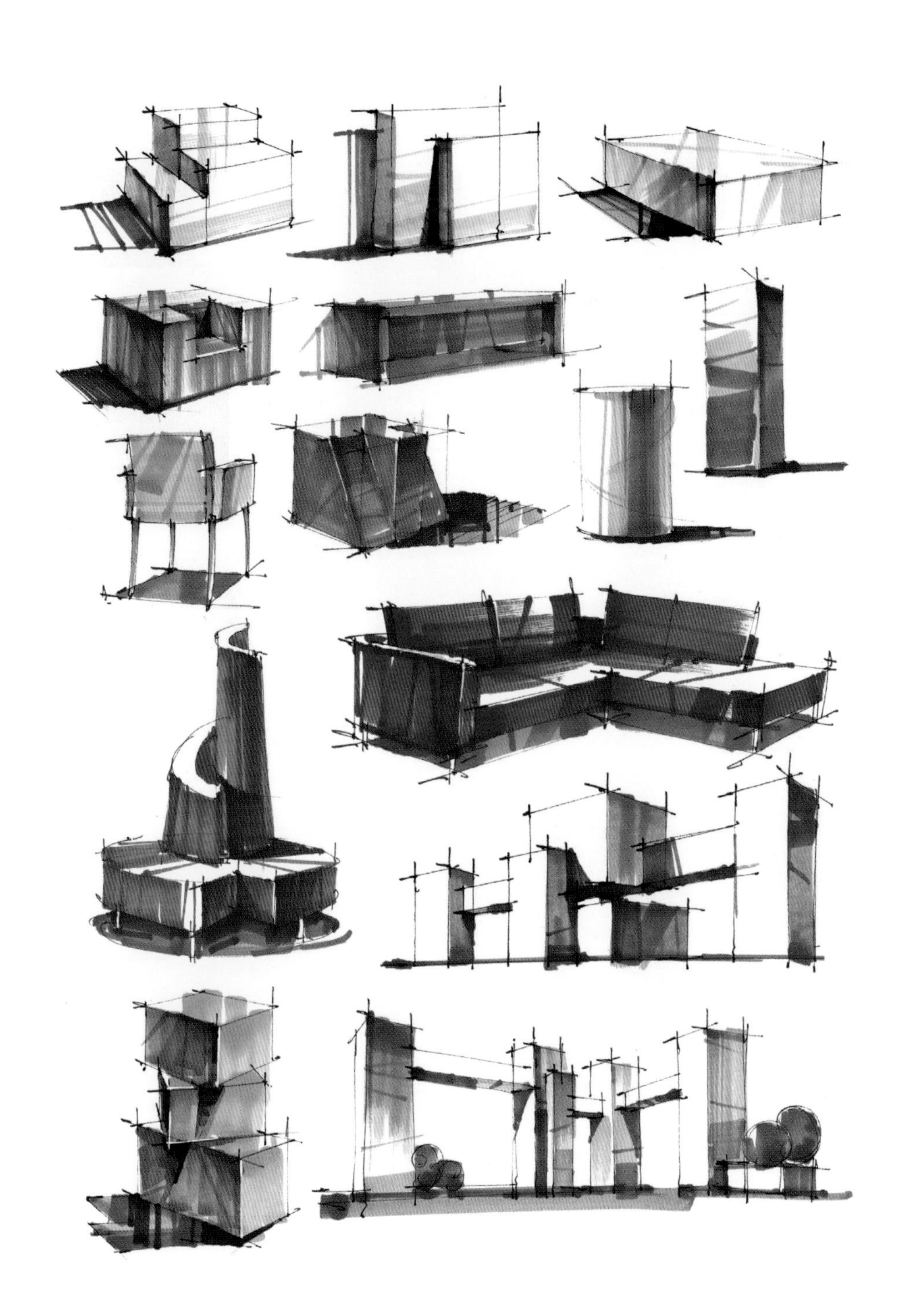

图 2–33
笔触叠加示意图（三）

2.3.3 马克笔的着色技巧

马克笔在着色时也可分为干画法和湿画法。干画法是指底色和叠加色笔触明显、方向感强，多用于表现特殊质感纹理和硬性材质的光感、倒影等（图 2–34、图 2–35）。湿画法是指底色未干时再画第二遍，或者利用笔水较多的马克笔在纸面上反复揉，使色彩之间产生相溶效果。这种笔法笔触感较弱，多用于浅色叠加深色（图 2–36、图 2–37）。

马克笔干画法的笔触效果

▲ 图 2-34
干画法特点：先上浅色，再上深色，逐层叠加，笔触要肯定有力

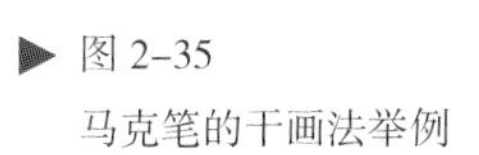

▶ 图 2-35
马克笔的干画法举例

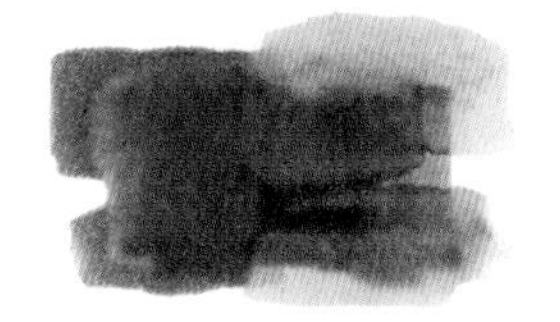

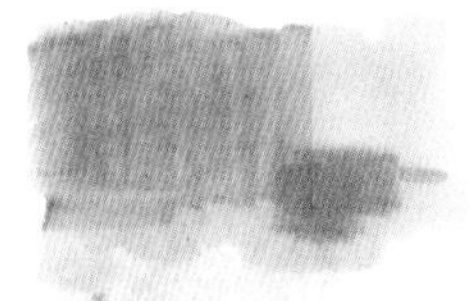

马克笔湿画法的笔触效果

▲ 图 2-36
湿画法特点：深浅亮色交替叠加，笔触反复重叠

▶ 图 2-37
马克笔的湿画法举例

初学马克笔的时候常常不知道怎样用色及色彩搭配，所以在初期训练时建议多进行一些色彩过渡及配色练习（图 2-38~ 图 2-41）。

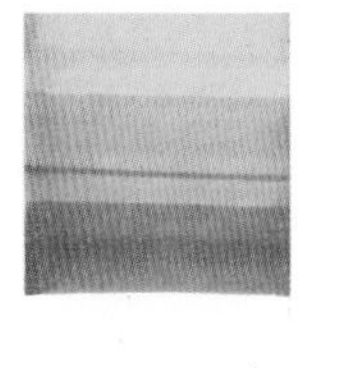
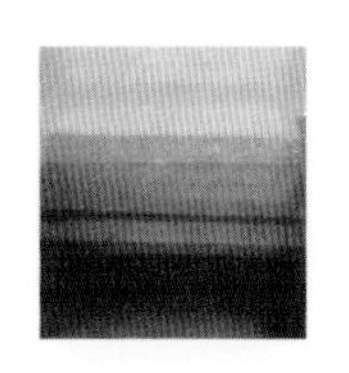
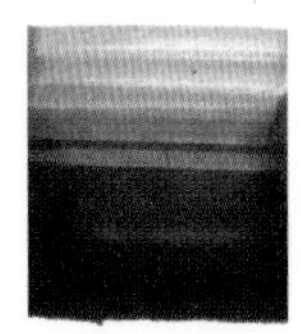
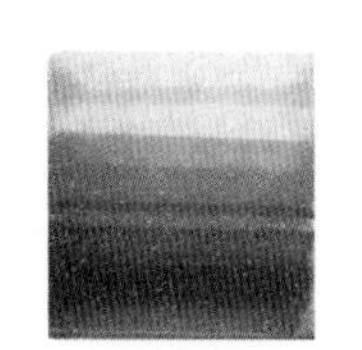

图 2-38 ▲
同类色之间的渐变效果

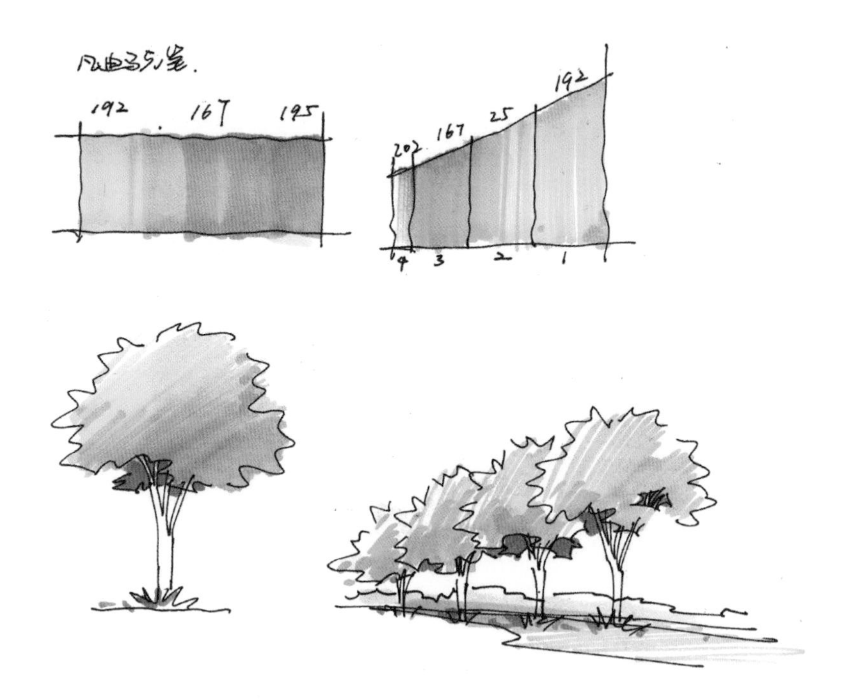

图 2-39 ◀
图中的树群通过同类色之间过渡体现了丰富的色彩变化

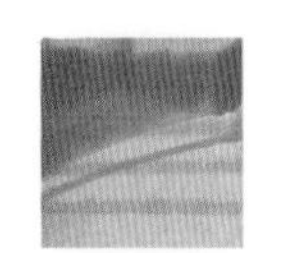
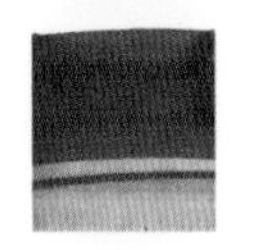
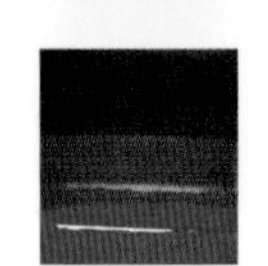

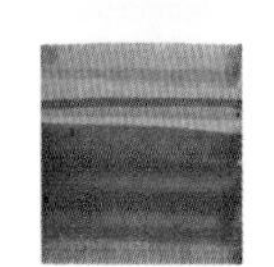

图 2-40 ▲
不同色系的搭配尝试

图 2-41 ◀
不同色彩的搭配体现了丰富的画面关系

从以上图例我们可得出结论：经常进行颜色搭配练习可以积累很多经验，如哪些颜色可以搭配使用，哪些颜色搭配出来会发“脏”，搭配漂亮的颜色可以记录下来经常使用，出现“脏”的颜色可以及时换笔调整颜色等。

在上色过程中，要把空间物体的固有色和光源色相结合（偶尔也要顾及下环境色），这样才能使色彩更加丰富和谐。但即便是追求丰富的色彩，还是要以固有色为主，并处理好明暗关系（图 2–42、图 2–43）。

图 2–42
空间物体的固有色与光源色相结合

图 2–43
以固有色为主，处理好明暗关系

留白也是马克笔表现的特点之一，同时也是难点。由于马克笔覆盖力差，且质地多为酒精和油性构成，一般的白颜料很难在上面叠加，这就需要我们在绘图中多以“留白”来体现受光面和高光部位，这样也能够让效果图显得更有“巧劲儿”。另外，还可以选择高光笔和修正液来做提白（图 2-44、图 2-45）。

图 2-44
利用留白体现亮面

图 2-45
利用高光笔提白

2.3.4 彩色铅笔的上色技巧

彩色铅笔是一种非常简便快捷的手绘工具，便于携带，能够和其他的着色工具结合使用，技法难度不大，掌握起来比较容易，是设计师常用的手绘表现工具。彩铅的表现看似简单，但并不随意，只有遵循一定章法，才能发挥它真正的作用。

2.3.4.1 增强力度

彩铅的表现技法虽然简单，但是使用起来会比较费力，在绘制过程中，切莫轻轻涂抹，且不要以使用铅笔的惯用力度来使用彩铅，那样画面会显得平淡无力。彩铅的铅芯和普通铅笔是有差别的，它的着纸性能不如普通铅笔强，为了充分体现彩铅的色彩，拉开明度（深浅）差别，在使用时就必须适当地加大用笔力度，这样才能展现彩铅应有的特色。但是在实际表现中也不是盲目的一概论之，还是要根据具体内容和需要进行不同的力度区分，这样才能更好地体现色彩和画面明度层次关系（图 2-46）。

图 2-46
彩铅的笔触

2.3.4.2 色彩丰富

使画面不显得单调平淡的技巧，其中也包含着对色彩的处理问题。手绘表现不像专业绘画那样需要进行细致的研究和推敲，但也不是简单的涂满颜色就能取得效果的。对于彩铅来讲，无论怎样改变力度大小，仅靠单色进行涂染做出的效果是呆板无味的，而我们使用彩铅进行表现的主要目的是要利用它的特性来创造丰富的色彩变化。因此在表现中，可以适当地在大面积单色里调配其它的色彩，加入的颜色往往会与主要颜色有对比的关系，为的就是进行一定的补充，使画面的色彩层次丰富，艳丽生动，体现轻松的氛围。所以在初期的练习阶段，应该大胆地加入各种色彩，不断尝试多种色彩的搭配和调和。

由于彩铅的搭配带有较强的自由性，因此不要过分地顾虑是否符合原则，要使用丰富的色彩进行搭配（图 2–47）。

图 2–47
尝试多种彩色的搭配和调和
作者：赵航

2.3.4.3 笔触统一

笔触是体现彩铅效果的一个重要因素，很能突出形式美感，因为彩铅的笔触注重一定的规律性。笔触向统一方向倾斜，是一种效果非常突出的手法，不仅简便易学，而且还利于体现良好的画面效果（图 2–48）。

统一的笔触可以使画面的效果完整而和谐，这是针对大面积的色彩而言，但并不是绝对的。一些边角与细节的处理还需要随形体关系进行调整，要学会灵活地变换笔触方向和手法（图 2–49）。

以上是彩铅技法的主要因素和要领。使用彩铅进行表现时，所追求的画面效果是活泼而富于动感的，这是一种形式感较强的着色方式，因此，用彩铅着色之前的黑白线稿要尽量处理得细致完整，并且最好用绘图笔表现。

图 2-48
笔触向统一方向倾斜

图 2-49
细节处笔触的灵活处理

2.3.5 马克笔和彩色铅笔的搭配技巧

在马克笔着色的同时也可以利用彩色铅笔与其搭配，马克笔留出“飞白”的同时加入彩铅效果，可以很好地体现颜色过渡，同时也能柔化较为明显的马克笔笔触（图 2–50、图 2–51）。

在这里需强调一点，如果选用彩铅上色为主，在其铺满画面的同时就不要再用马克笔全部覆盖了，这样会使画面看起来发腻，只需要利用马克笔点缀暗部和灰面过渡变化就可以了（图 2–52）。

图 2–50
彩铅和马克笔结合的笔触效果

图 2–51
马克笔与彩铅的结合使用图例

图 2–52
马克笔进行点缀处理

中级篇

第三章 建筑配景

3.1 配景的作用

建筑手绘和景观手绘有一个很大的区别，就是在配景的处理上。建筑设计中提倡“少画配景”或者“配景抽象化”，只需能够起到配景的作用即可。配景，就是配景，不要为了配景而忘记目标，因小失大或者画蛇添足。

配景的作用有以下四点：

3.1.1 烘托主体

在一幅建筑表现图中，配景起到烘托主体的作用，配景画得好，是锦上添花的事情，如果喧宾夺主，是在糊弄看图者，失去了存在的意义（图 3–1）。

图 3–1
配景是为了烘托主体

3.1.2 尺度提示

在一幅表现图中，视平线通常会定位在 1.5~1.8m，以此作为依据，可通过台阶、墙裙、入口等要素和配景建立关系来衡量尺度，推算出主体建筑的大致高度，也便于读图者形成对建筑尺度的感受。这就是为什么在好多表现图中会设置几组人物配景来点缀画面的原因（图 3–2）。

图 3-2
人物配景的尺度提示

图 3-3
配景的主次处理

3.1.3 体现空间感

通过配景近大远小的透视，体现出距离感和层次感。在画面中，需注意配景的主次处理，主次分明，空间感就会强；相反，主次不分明，空间感就会变弱（图 3-3）。

3.1.4 掩饰画面缺陷

一幅表现图中，难免会有某个角落是没有被安排或想好的，怎么办？画配景挡上。这样做并不会影响画面整体效果，只要保持主体明确，空间感强就好了。

这一章节我们讲解如何快速、高效、简便地画出配景，而不是绘画式的写实表达。我们需要从设计手绘和钢笔画中作出区分，让学习者们了解方案创作及表达的真正目标。

3.2 树的画法

在画设计手绘的植物时，我们是用一种抽象的形状、笔触、色块来满足植物的完成效果，这种方法简便、快速，也具备设计感。

适用于各种绿植的线条，称作“锯齿线”，这种线条有些类似英文字母“W”和“M”的形态。起笔时注意线条转折要自然，出头不宜过长，并注意整体的伸缩性。画“锯齿线”时要尽可能把线与线的转折交代清楚，出现成角关系（图 3–4）。

树的种类多样，其在手绘表现中比较突出模式化，无需过细地描绘树种，主要抓住树的形态特征便可。为此我们总结出了一种相对“标准化”的树形来应对方案设计表达。首先可以把树冠看成一个球体或多个球体组合，然后在此基础上利用“W”和“M”形线条来刻画轮廓（要注意线条的伸缩感）。最后刻画明暗，暗部调子可用较松快的调子排列，也可以利用“锯齿线”丰富。待暗部画好之后，需用“碎线”来进行过渡，过渡的部分我们通常当作灰面来处理（图 3–5）。

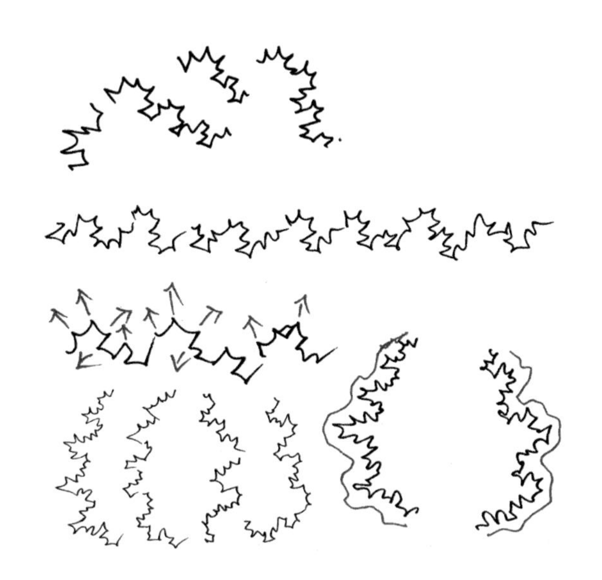

图 3–4
用锯齿线表达

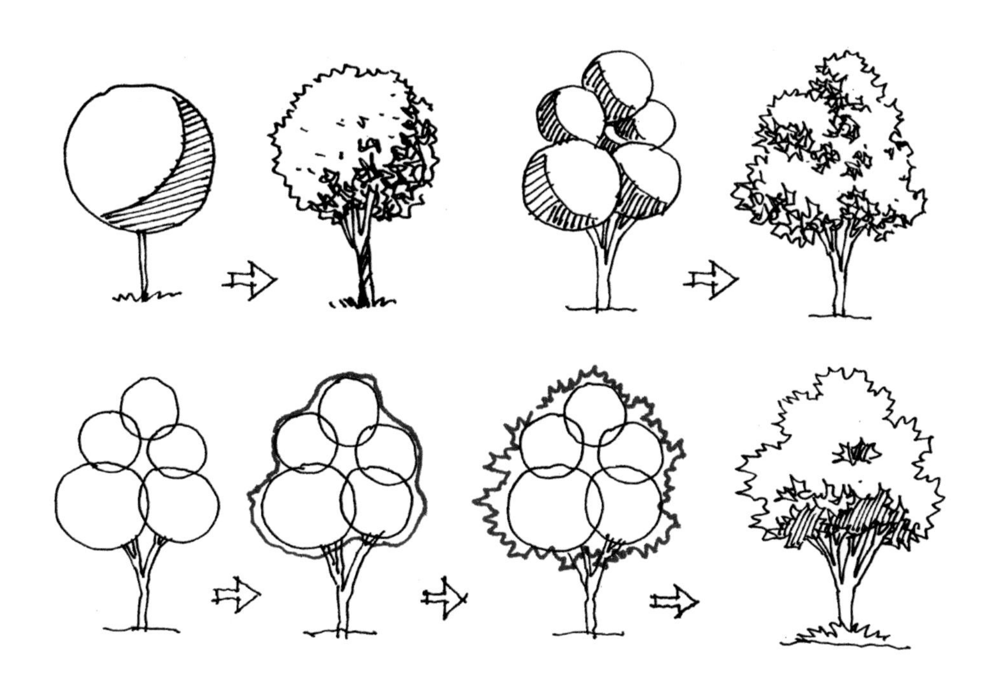

图 3–5
树的不同表达

模式化的表现虽然能够提供便利的方法，但是也不能画得过于单一和死板，初学者在学习时要灵活掌握，举一反三（图 3-6~ 图 3-8）。

我们还可以把树的表现形式变得抽象些，抽象是具象的升华，用抽象变形的方式来表达植物形态，可以使画面更具概念化和设计感，同时也具有趣味性（图 3-9）。

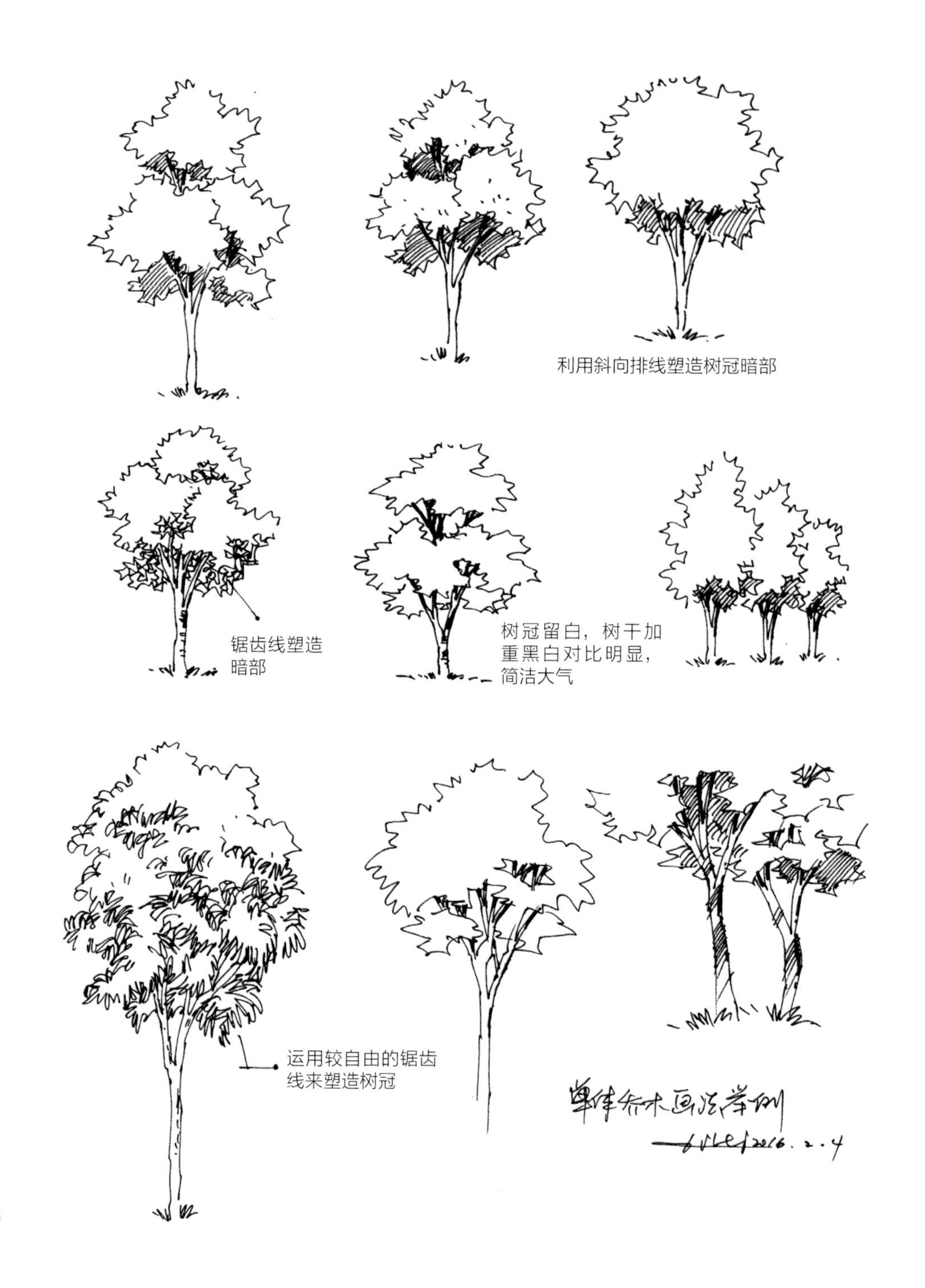

图 3-6
“模式树”的形态变化（一）

图 3-7
“模式树”的形态变化（二）

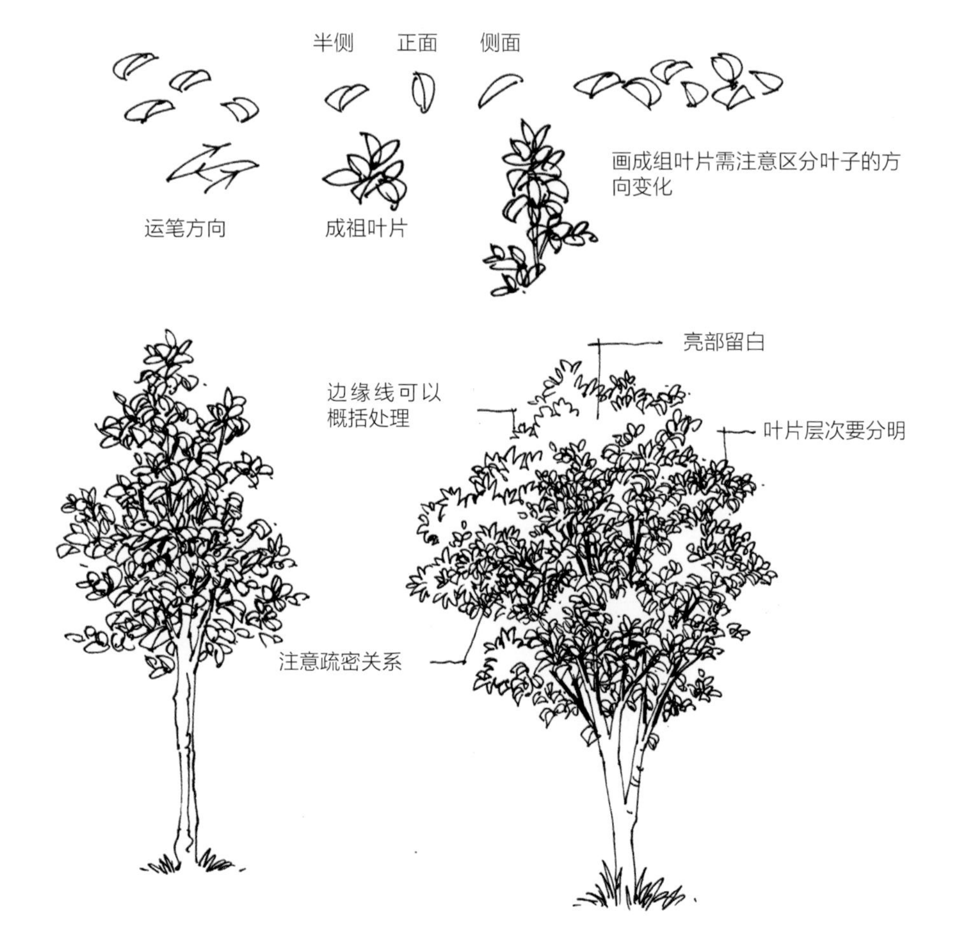

图 3-8
“模式树”的形态变化（三）

图 3-9
用夸张的手法来概括树

图 3-9 中树的处理非常具有趣味性，采用了夸张的手法来概括，只体现其骨架感，没有作写实处理，将注意力集中在如何把握好空间的整体尺度上，而削弱了细节处理。

以下举例用了较夸张的手法来表现树的形态，供大家参考（图 3-10、图 3-11）。

图 3-10
树的夸张表现手法（一）

图 3-11
树的夸张表现手法（二）

在表现树的上色过程中，最常用的笔法是“短摆笔”、“点笔触”和“虚实变化线”。

“短摆笔”用来塑造树冠的体型特征，模拟叶片的形态，用笔时要根据植物的结构特点来安排笔触方向。其通常用在最初着色阶段（图 3-12）。

“点笔触”常用来塑造树的边缘，使其看上去自然轻松。有时也可以表现树的过渡面的层次关系（图 3-13）。

“虚实变化线”是指通过用笔的速度和力度来控制同一笔触从深到浅的渐变，使树冠看起来光感自然柔和。其笔触灵活自如，或是线状或是点状，通常用在暗部起点缀作用（图 3-14）。

将以上三个要素结合起来就完成了一组树木的润色。

画树的时候，树冠的光影变化一般会遵循球体的明暗规律，首先要区分出大面的明暗变化，然后再表现树冠中叶子的凹凸细节。要注意暗部面积的比例不宜超过亮部，树干着色时也要注意明暗变化，通常亮部可以留白或者用淡木色平涂，然后加入深色点缀暗面。靠近树冠的树枝往往受树冠阴影的影响，着色时会加重些（图 3-15~ 图 3-18）。

图 3-12
“短摆笔”笔触示意图

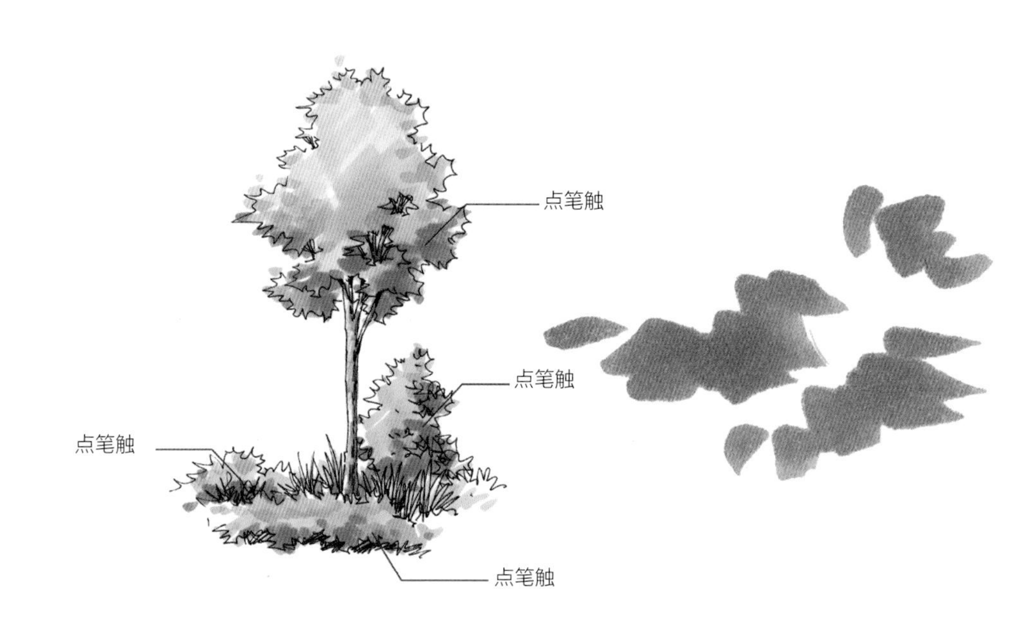

图 3-13
“点笔触”笔触示意图

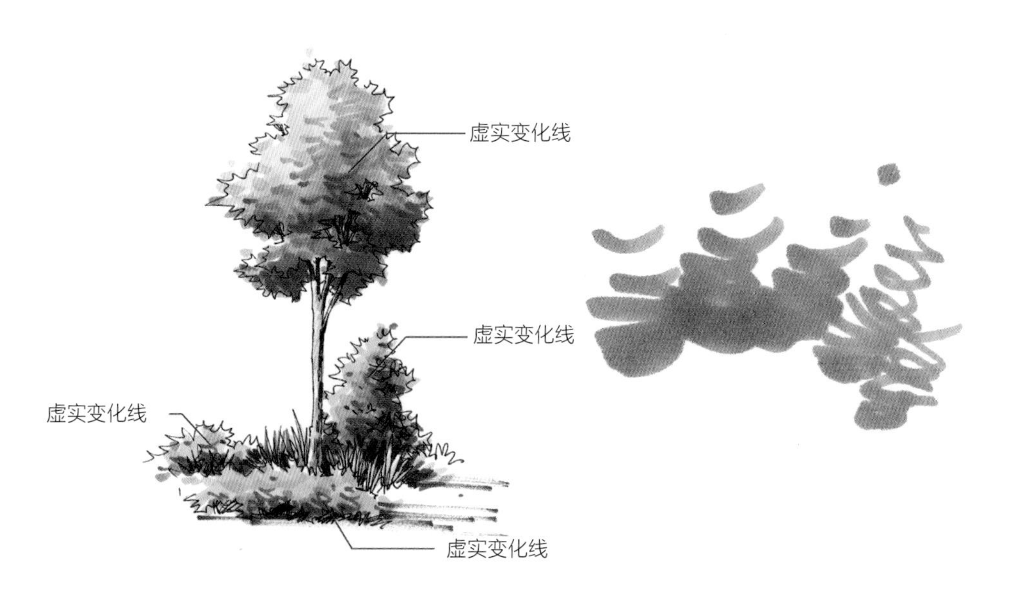

图 3-14
“虚实变化线”笔触示意图

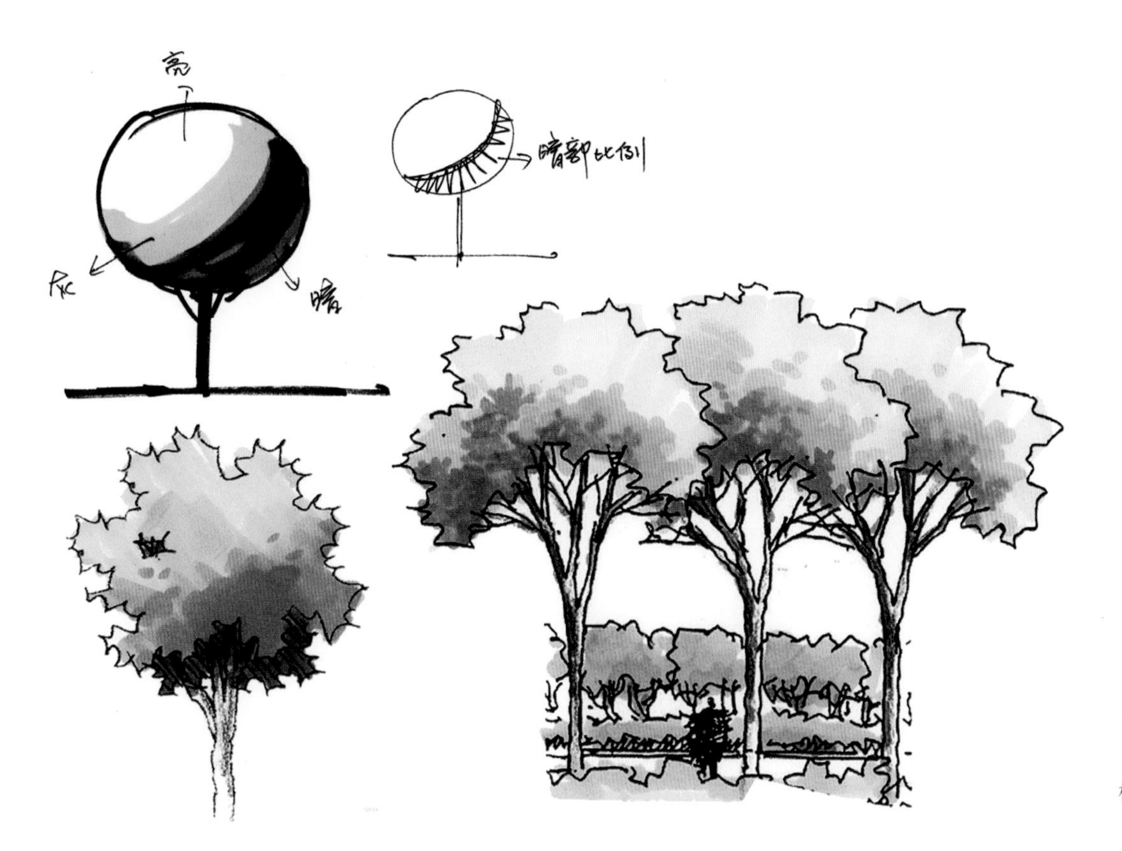

图 3-15
树冠的光影表现

图 3-16
表现树冠中叶子的凹凸细节

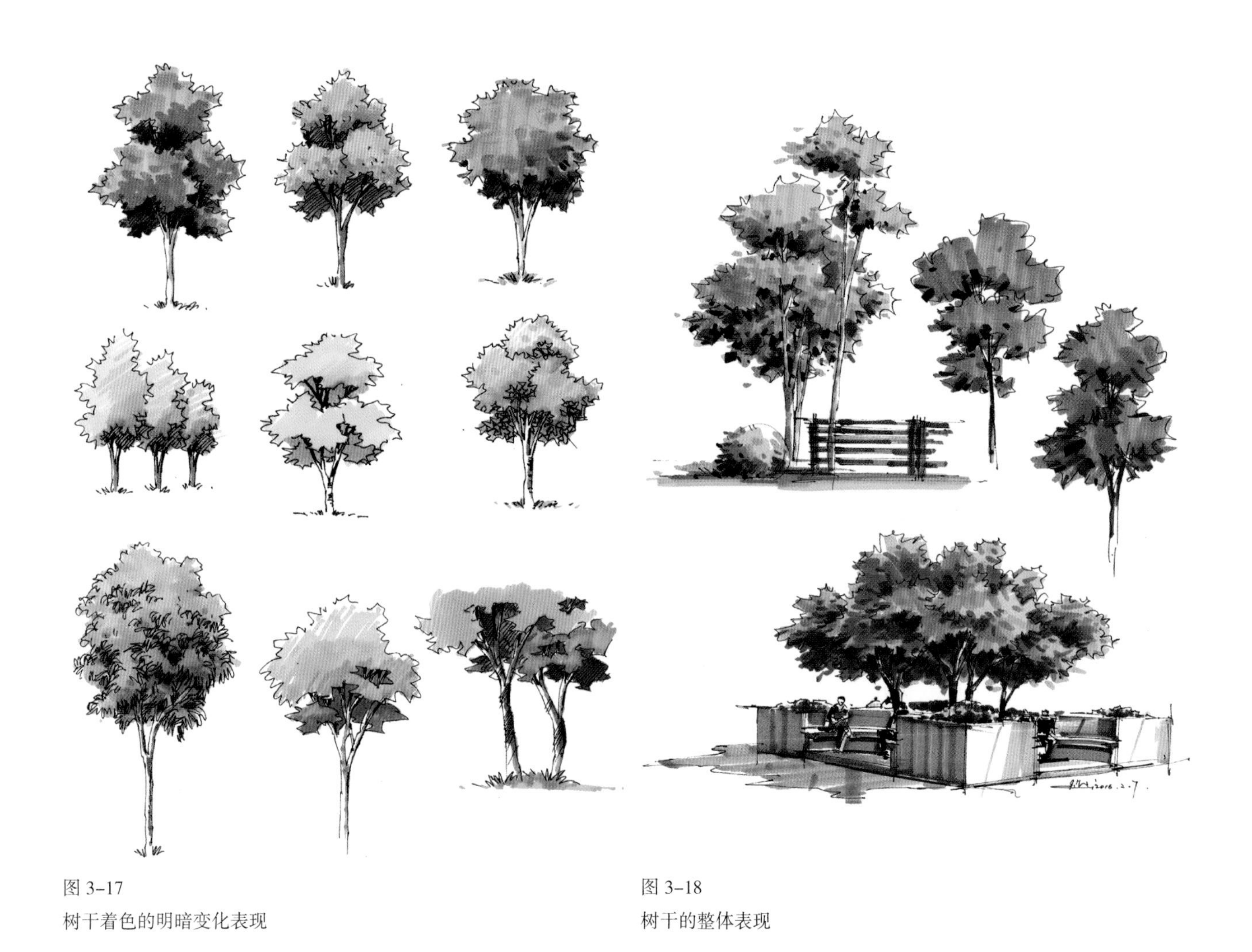

图 3–17
树干着色的明暗变化表现

图 3–18
树干的整体表现

3.3 人物的画法

人物在景观表现图中能增加画面的生活气息，并刻意暗示空间尺度，再现场景的真实。描绘人物时，特别要注意人物的比例和动态。人物一般以行走居多，视觉中心的人物在画面中可以起到凝聚视线的作用（图 3–19、图 3–20）。

3.3.1 人物的比例关系

即便是剪影的人，也应该注意其比例关系。一般在处理成年人时，从头到脚可以分为 8 个等份。即头部占 1 份，上身占 3 份，下身占 4 份。整体粗略地看，人的上半身会稍显粗壮，腿部会显得较细（图 3–21）。

图 3-19
行走中的人物刻画

图 3-20
人物在画面中起到凝聚视线的作用

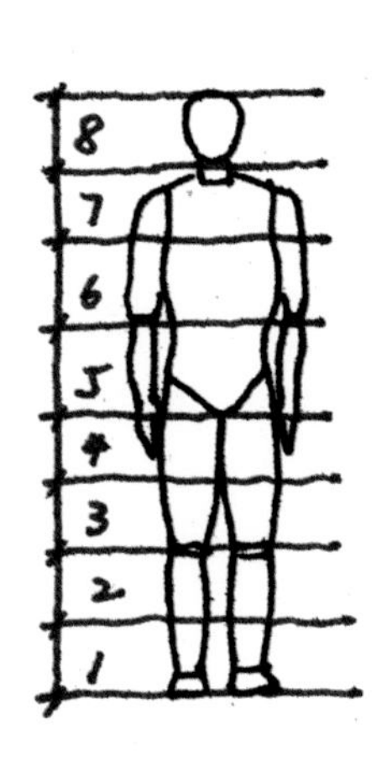

图 3-21
分为 8 等份人体

3.3.2 人物的组合处理

如果空间中只有一个人物，多少会显得单调乏味，因此，在处理时我们大多会以组合的形式来体现。一旦形成组合，那么就要注意人物的疏密关系，千万不要分得过于平均，这样会让画面显得很分散，视觉中心也不突出。因此，为了引导视线到诉求中心，我们会安排较为密集的人群在中心位置作出引导。或者说，空出视觉中心，让两侧的人群以背影或者走路的形式向中心点引导。再者，是通过人物近大远小形成序列将视线引导到诉求中心（图 3-22）。

图 3-22
以背景或走路的形式引导视觉中心

群组人物需注意头部要统一在视平线上（图 3-23）。

对于人物的远近处理，我们也可作适当地调整，近处的人物可以强调动态、穿衣样式，甚至五官，但要注意，即便是这样，也要概括处理，不能强调过于具象的效果。远景人物可以概括变形，以“符号”方式体现（图 3-24）。

图 3-23
头部要统一在视平线上

图 3-24
人物的远近处理

人物的颜色一般会处理地比较鲜明，通常会用亮色表现。人物上色一般不会太过注重马克笔笔触的塑造，只需稍加些颜色进行点缀便可，其目的就是为了活跃场景的氛围（图 3–25、图 3–26）。

人物画法范例如图 3–27、图 3–28 所示。

图 3–25
人物的颜色处理

图 3–26
人物颜色用亮色表现

图 3-27
不同人物画法

图 3–28
群组人物的画法

3.4 车辆的画法

车辆的配景，在空间中尺度较小，往往是景观的点缀，但多居于前景位置，并明确和引导车道的位置。其表达的基本原则是：用笔要简洁概括，细节要省略，表达车辆的基本形态即可。诸如把手、车牌、座椅和司机等细节，同样可作简化或者省略处理（图 3–29）。

在常规的景观图中，要注意车身及车轮之间的相对位置，如是正面车辆，其前轮几乎看不出椭圆形，并且可以适当加宽车轮尺度，体现稳固性，同时还需注意阴影的处理，务必使车辆“落地”（图 3–30）。

图 3-29
车辆的概括处理

图 3-30
车身与车轮之间的关系

偏侧面角度的车辆，要注意弧形门线、底线和前后保险杠的位置。车轮要表现出椭圆形，但要注意前后的透视关系（图 3-31、图 3-32）。

车辆的上色主要是处理好正、侧面的转折关系，笔触尽量简洁。车窗的处理需要体现出玻璃的亮度和透明感，颜色可用蓝色或者黑色体现。车灯可用红色体现，也可以直接留白。车轮要体现其厚度关系，利用深色“压住”画面，同时要注意阴影的透视关系（图 3-33）。

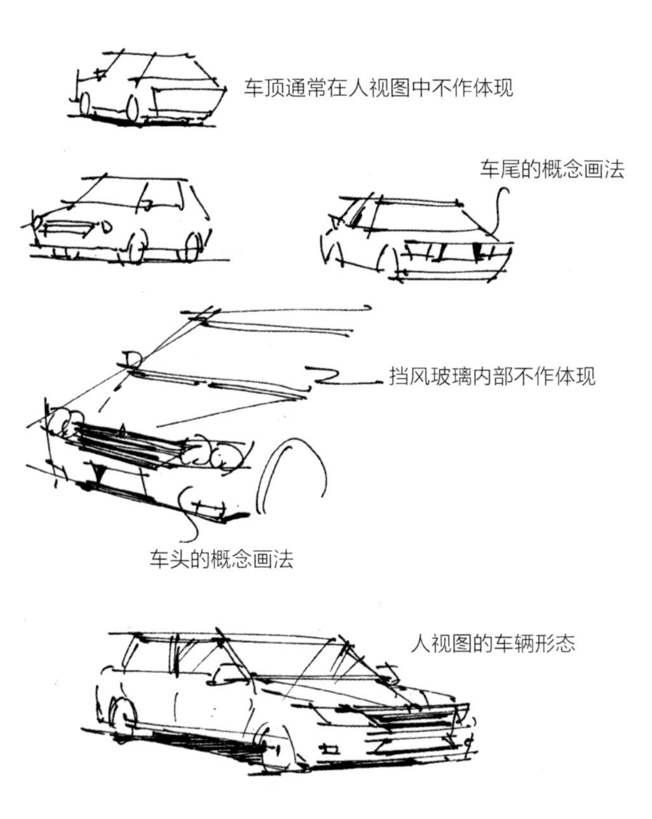

图 3-31
偏侧面角度车辆的画法

图 3-32
前后轮的透视关系

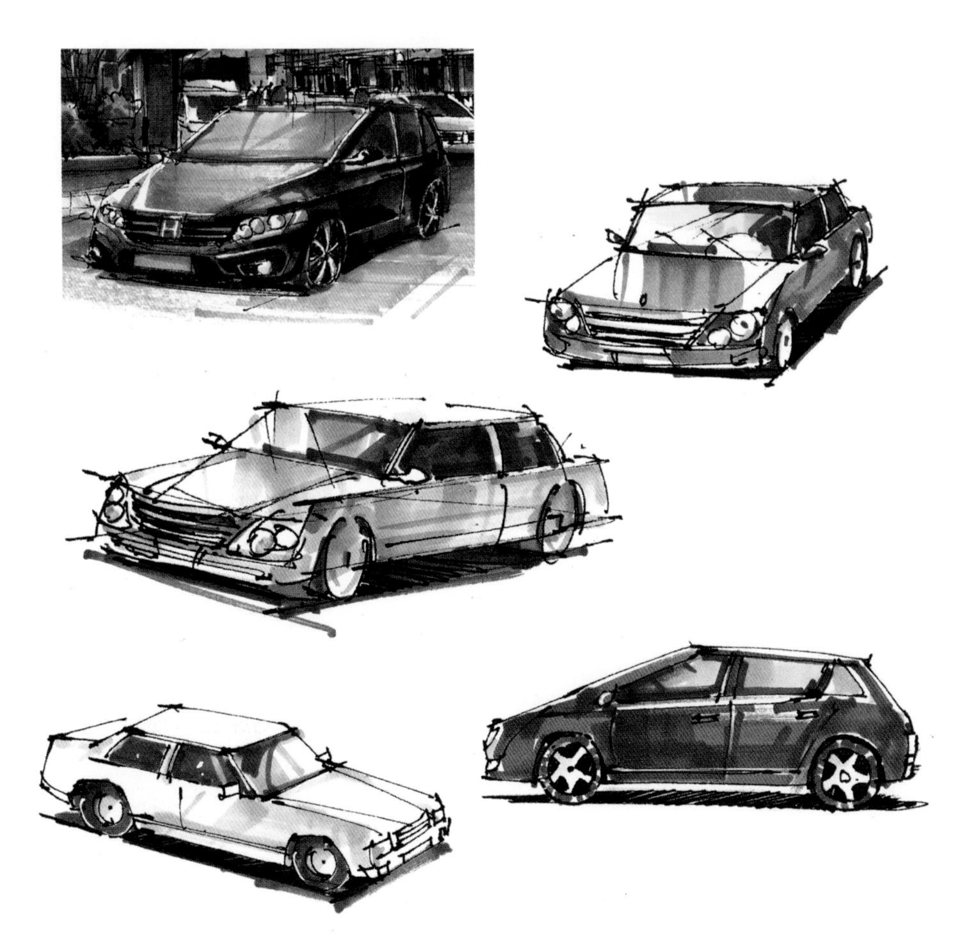

图 3-33
车辆的上色

3.5 天空的画法

设计草图中的天空按表现方法来划分，分为突出建筑物边界画法和表现云彩画法两种。

一般而言，淡云能使画面更加柔和，有利于将注意力集中在主体建筑上。云彩与建筑轮廓相接，离画面焦点越近的区域颜色越深，从交点附近向外延伸，越远颜色越浅。用马克笔画天空时，不要有太多的停顿，几种颜色之间的衔接要快，使其迅速溶到一起，并在适当的地方留出云形，笔触不要太硬（图 3-34）。如果用彩色铅笔画天空，就要注意线条用力的虚实关系，体现线条的美感（图 3-35）。

除以上两种工具之外，我们还可以用色粉来体现天空。马克笔和彩铅都强调笔触及方向感，但色粉不用，只需作为一种背景与主体进行融合。在绘制时可以先用色粉平涂，再用纸巾在着色部位涂抹，待颜色饱和之后，可用马克笔或橡皮刻画出云彩部分（图 3-36）。

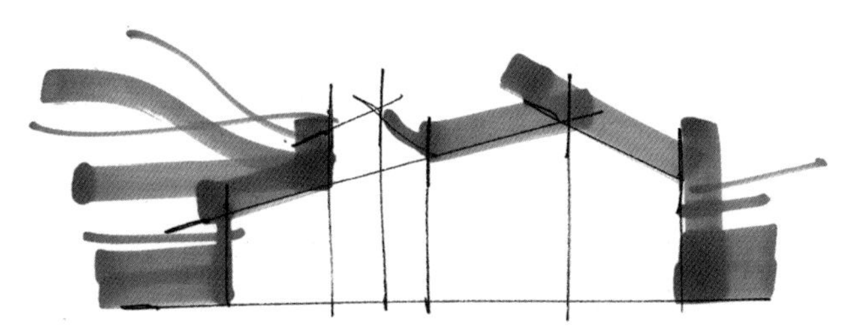

图 3-34
天空的马克笔画法

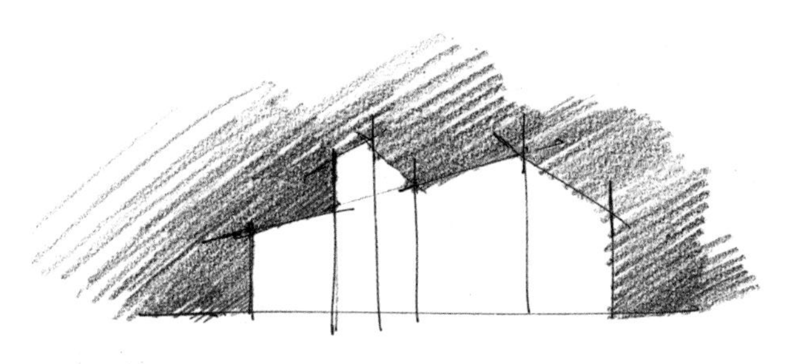

图 3-35
天空的彩铅画法

图 3-36
天空的色粉画法

第四章 建筑空间透视图

4.1 建筑空间透视图绘制步骤

4.1.1 建筑空间表达一——现代建筑马克笔上色步骤

步骤 1：先用铅笔确定灭点和视平线的位置，然后画出主体建筑物的大体体块，线条要干错利落，在开始的这个步骤中要做到大处着眼，整体体块要透视准确，以便为后面的细节刻画做好准备（图 4–1）。

步骤 2：进一步深入铅笔稿，刻画出建筑主体的结构细节，线条也需要概括处理。最后加上人物配景让场景感更加丰富（图 4–2）。

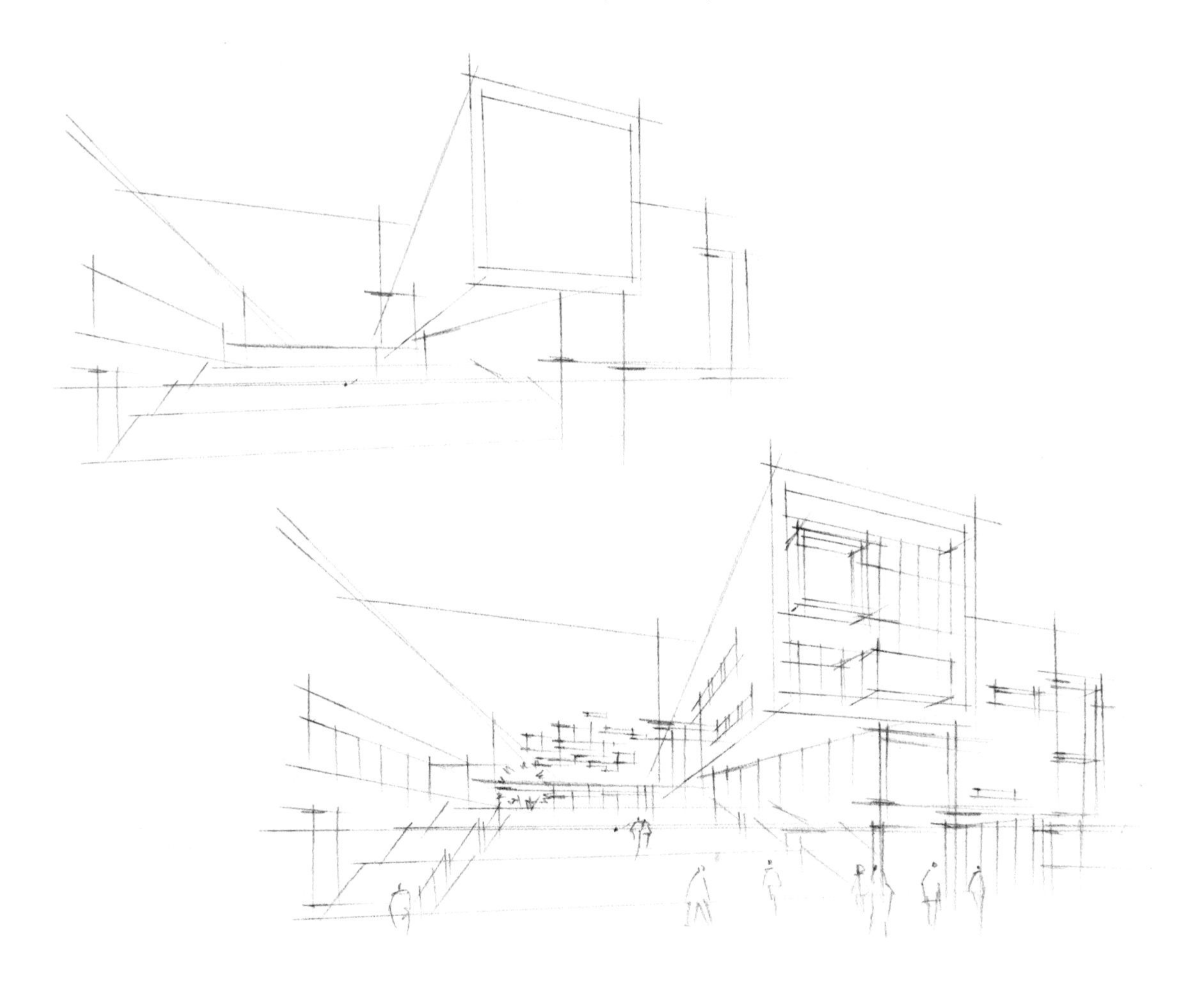

图 4–1
步骤 1

图 4–2
步骤 2

步骤 3：用绘图笔把建筑外轮廓勾出来，并找出每部分的穿插关系。起初的练习可以一直借用尺子来画一些形体的轮廓线，但是画到有些小块面物体时，可用徒手绘制，以免画出来的轮廓比较僵硬（图 4-3）。

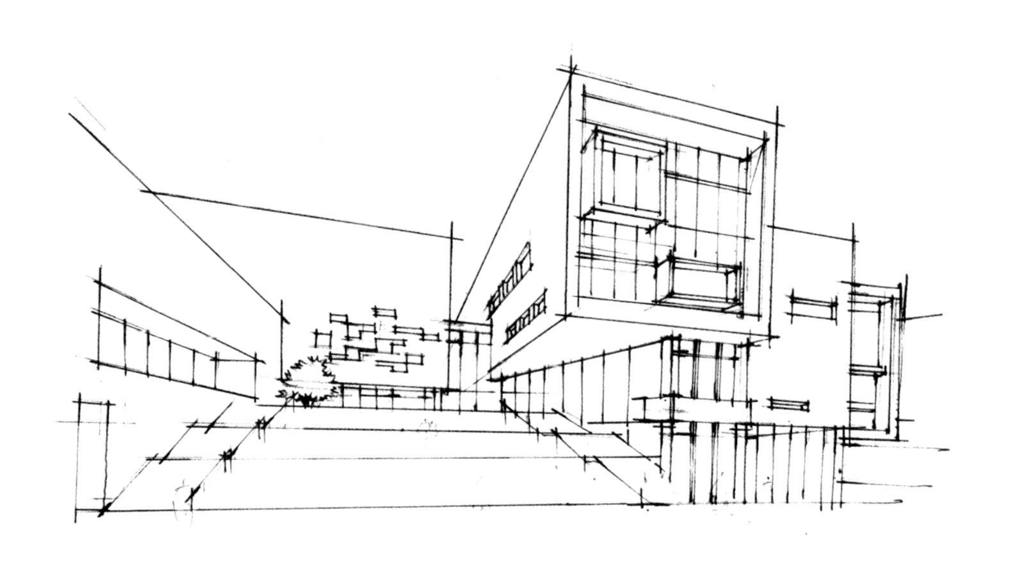

图 4-3
步骤 3

步骤 4：刻画细节，并分析出每个部分之间的结构转折和阴影关系，在细化的过程中一定要注意空间的前后虚实关系，较前面的造型可以刻画的深入一些，后面的造型要适当的概括（图 4-4）。

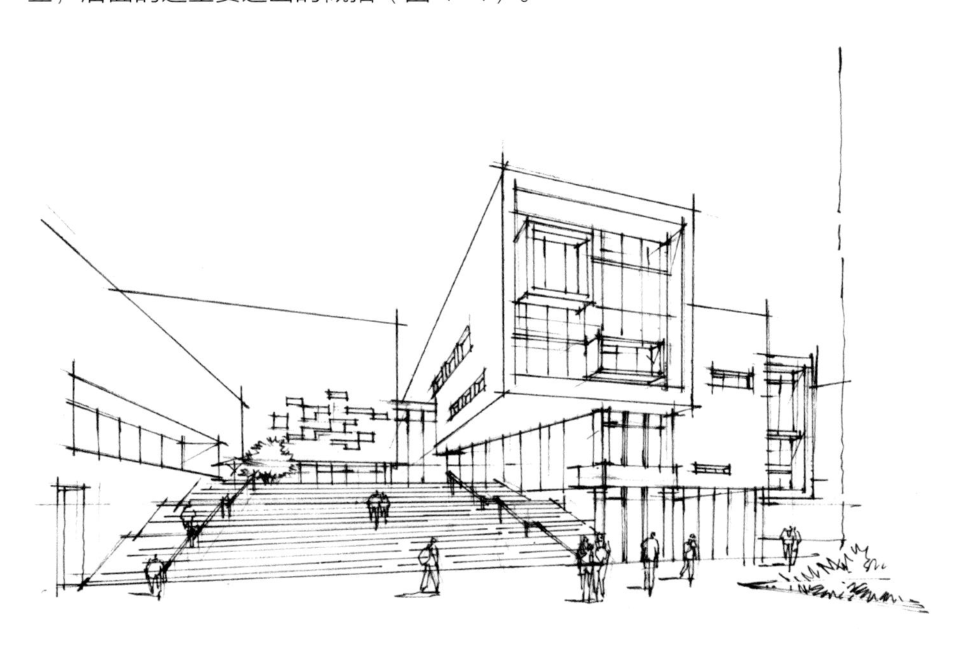

图 4-4
步骤 4

步骤 5：加强画面黑白灰关系，抓住建筑空间主要部位深入刻画，尤其是体块突出的部分，其余部分简化便可（图 4-5）。

图 4-5
步骤 5

步骤 6：利用灰色马克笔画出空间的明暗变化，笔触要整洁，并按照建筑形体方向运笔（图 4-6）。

图 4-6
步骤 6

步骤 7：用冷灰色和天蓝色马克笔刻画玻璃的材质颜色，注意玻璃材质的反射效果，亮部要适当留白（图 4-7）。

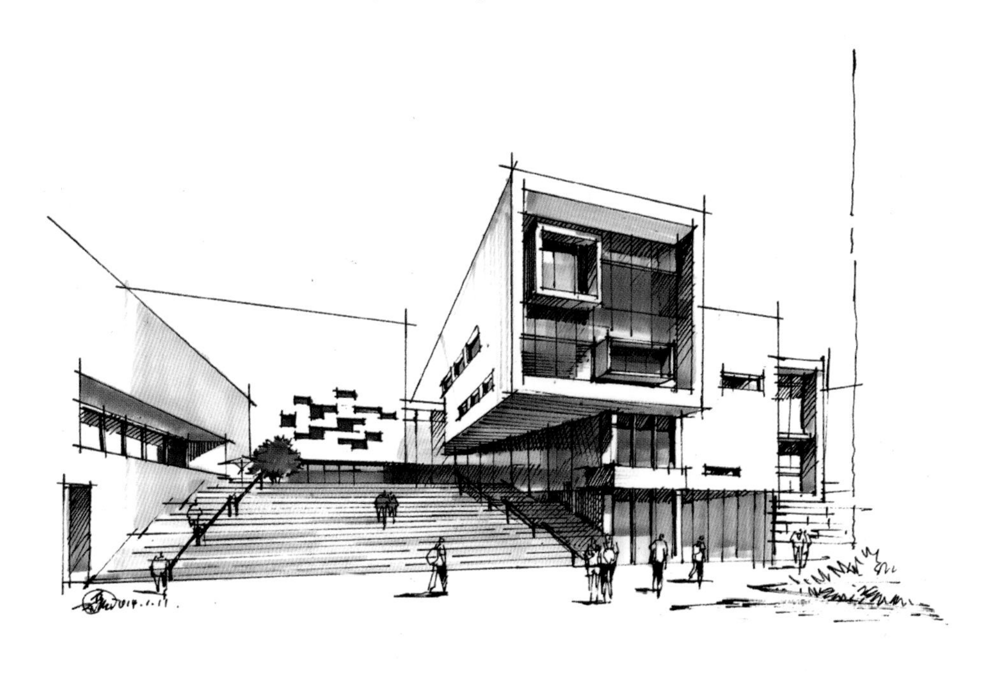

图 4-7
步骤 7

步骤 8：深入刻画空间，明确空间的材质质感，拉开空间进深关系，加强明暗对比度，高光部分可用高光笔提白（图 4-8）。

图 4-8
步骤 8

4.1.2 建筑空间表达二——现代建筑马克笔彩铅结合表现步骤

步骤 1：首先定位视平线和灭点，然后画出建筑物的大体块框架和周围环境（图 4-9）。

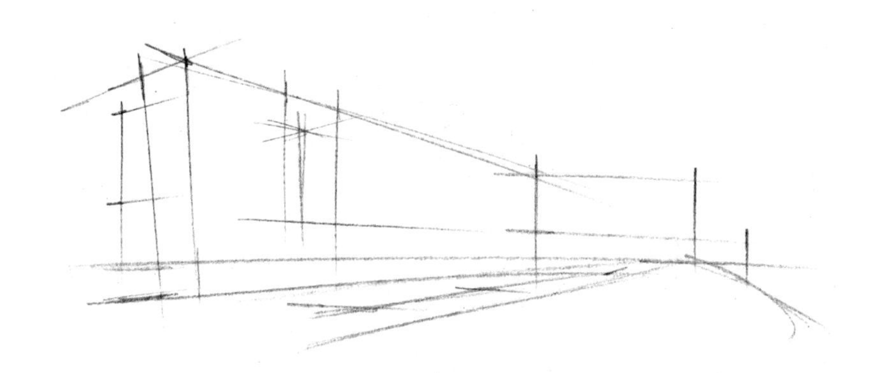

图 4-9
步骤 1

步骤 2：依次画出建筑物的体块细节，注意透视关系（图 4-10）。

图 4-10
步骤 2

步骤 3：用绘图笔刻画整体建筑轮廓及配景，尤其建筑结构线更要刻画得十分清晰，先从大面着手，细节暂时先不刻画（图 4-11）。

图 4-11
步骤 3

步骤 4：刻画结构细节，并分析出每个部分之间的结构转折和阴影关系，在细化的过程中一定要注意空间的虚实关系（图 4-12）。

图 4-12
步骤 4

步骤 5：添加阴影，刻画整体黑、白、灰关系（图 4-13）。

图 4-13
步骤 5

步骤 6：利用彩色铅笔首先画出建筑固有色，注意光线的明暗变化（图 4-14）。

图 4-14
步骤 6

步骤 7：用马克笔画出空间暗部，强化块面转折，同时刻画主要物体的材质（图 4-15）。

图 4-15
步骤 7

步骤 8：深入刻画空间，强化建筑材质以及配景细节，并用彩铅画出天空细节（图 4-16）。

图 4-16
步骤 8

4.1.3 建筑空间表达三——异形建筑马克笔表现步骤

步骤 1：首先画出建筑的轮廓，该建筑主要以弧形为主，在画弧线的时候要肯定，不可拘束（图 4-17）。

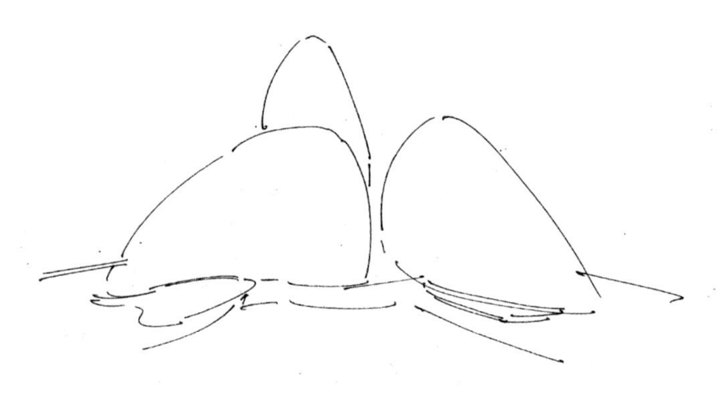

图 4-17
步骤 1

步骤 2：刻画建筑外表皮的形态，并区分好体块关系，用肯定的线条勾勒出来，树木的比例要画的小一些，用符号的手法表达便可（图 4-18）。

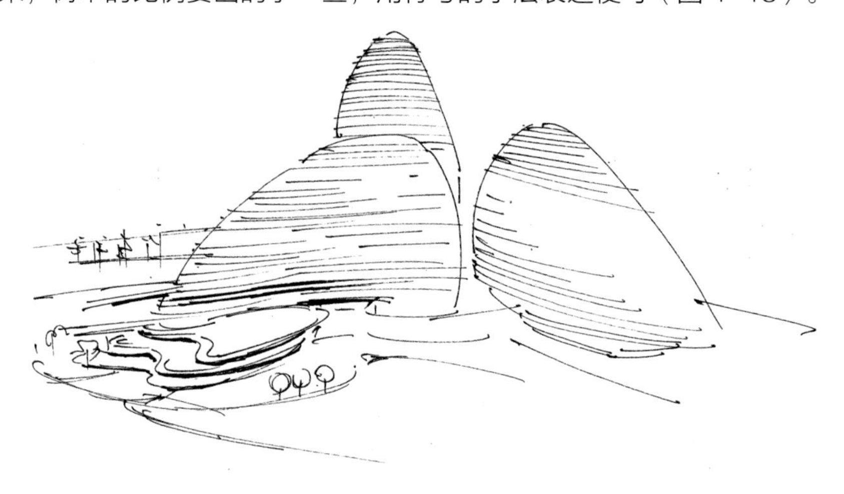

图 4-18
步骤 2

步骤 3：将空间的配景一一刻画，因为是俯视角度，所以配景的形态要概括，不做细节处理，目的是为了突出主体，形成主次关系（图 4-19）。

图 4-19
步骤 3

步骤 4：深化建筑主体，强调光影效果，刻画主要材质，使线稿达到完整（图 4-20）。

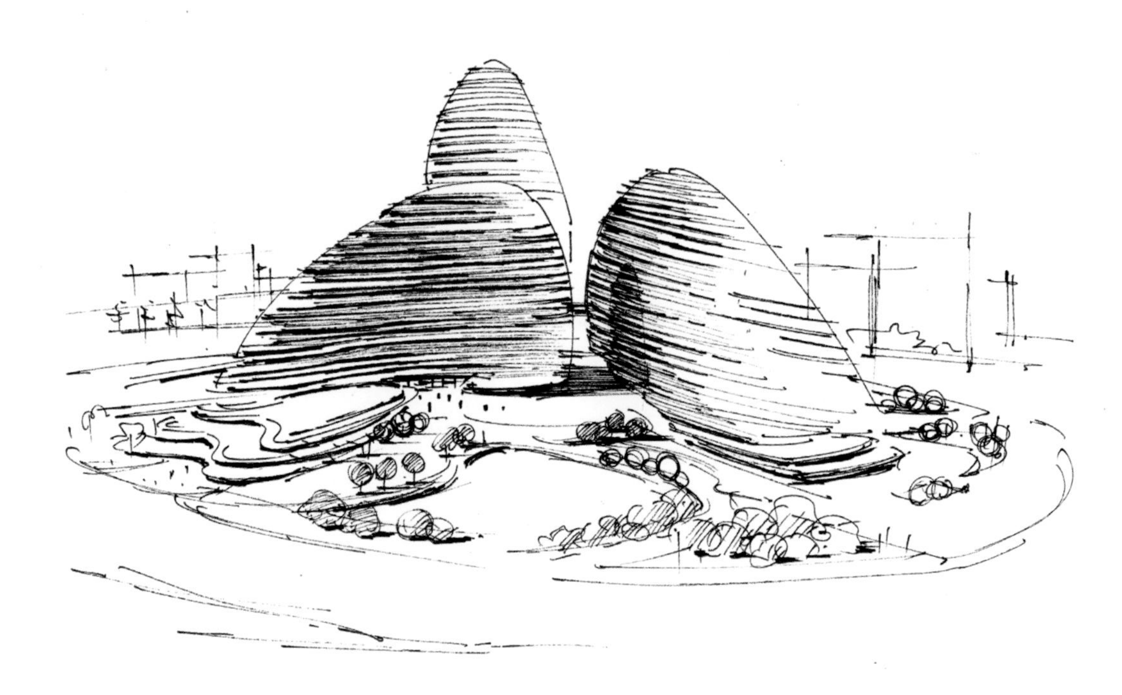

图 4-20
步骤 4

步骤 5：用淡黄色彩铅刻画受光效果，淡蓝色马克笔刻画玻璃材质的固有颜色，注意笔法要放松，运线方式按照结构来塑造（图 4-21）。

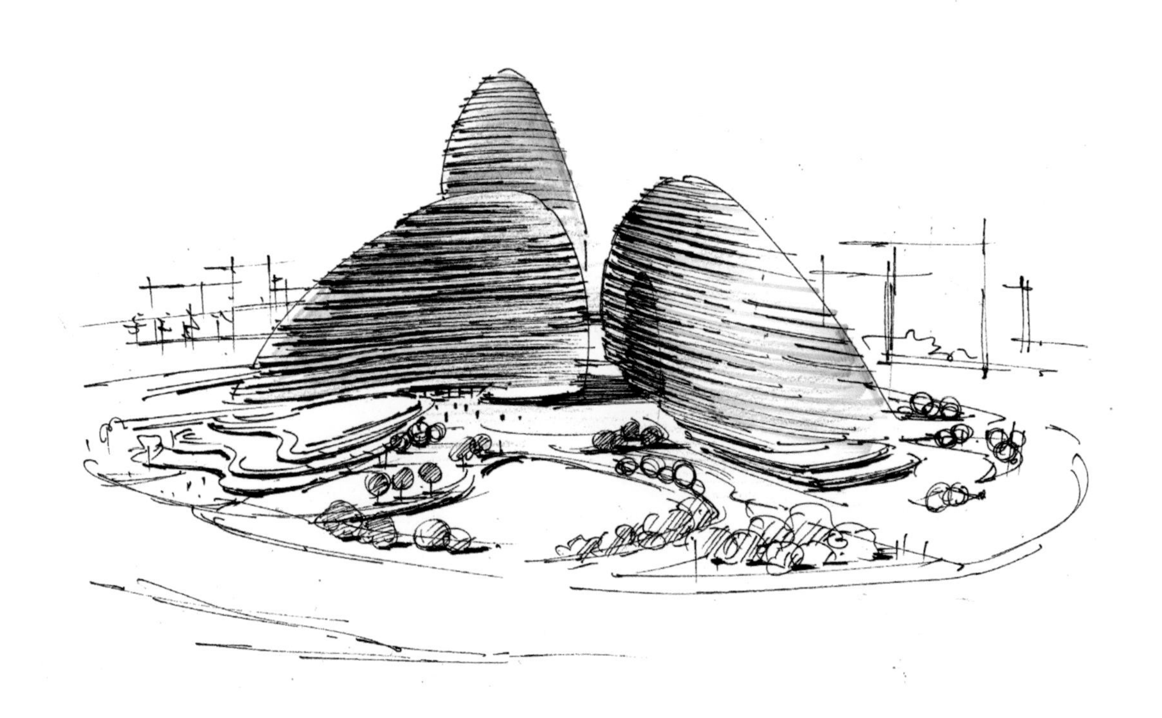

图 4-21
步骤 5

步骤 6：用深绿色马克笔刻画绿地和树木的颜色，笔触运用平涂法；建筑的暗部运用灰色和淡蓝色的叠加来处理；水面运用淡蓝色马克笔概括出倒影效果即可（图 4-22）。

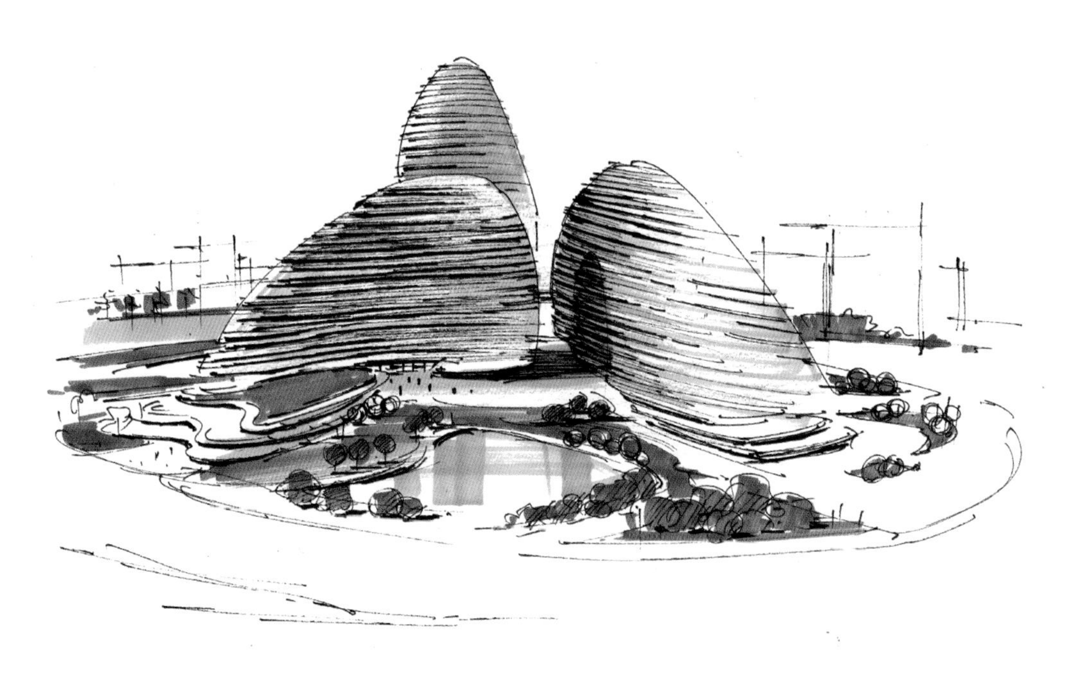

图 4-22
步骤 6

步骤 7：用深灰色（或黑色）马克笔画出树木的阴影，显得立体些；公路运用暖灰色马克笔摆笔画出固有色，注意笔触要简洁，不要画“闷”；建筑的材质继续利用灰色和蓝色叠加做出材质质感，阴影部分可加重，突出黑白灰的关系；最后运用淡蓝色摆笔画出天空（图 4-23）。

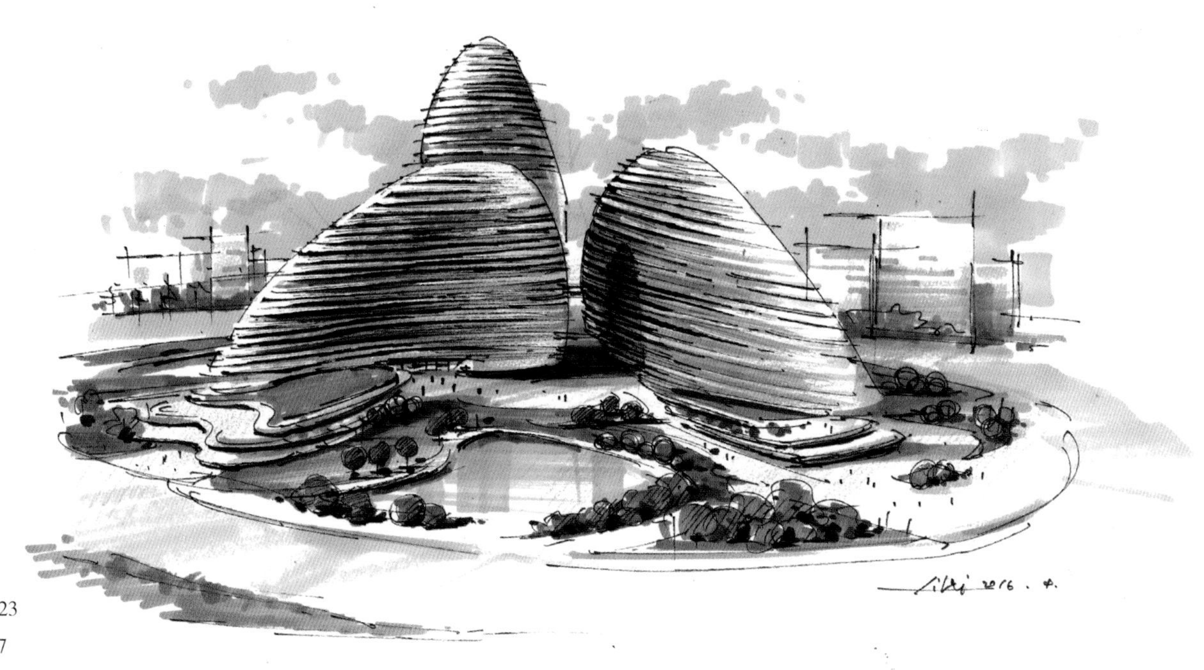

图 4-23
步骤 7

4.1.4 建筑空间表达四——现代建筑铅笔绘制步骤

步骤 1：用铅笔首先画出建筑的主要轮廓，这一步的线条需概括处理，不求细节（图 4–24）。

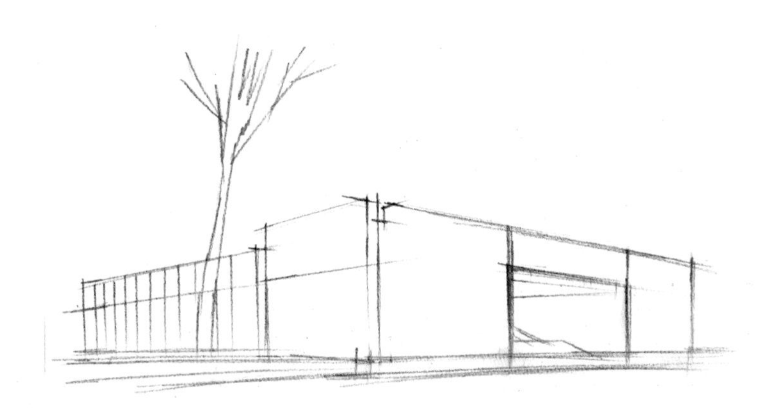

图 4–24
步骤 1

步骤 2：在轮廓“骨架”的基础上细化建筑结构，注意形体的穿插关系；人物的处理要概括，起到衡量建筑尺度的作用就可以了（图 4–25）。

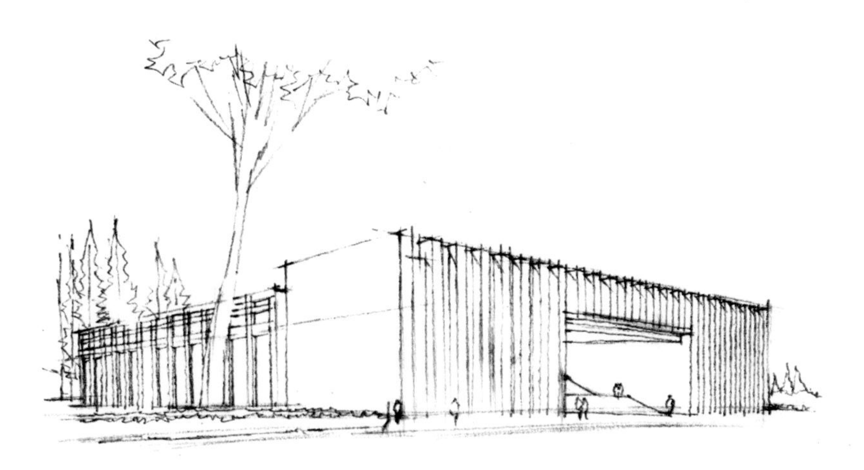

图 4–25
步骤 2

步骤 3：用较软的铅笔（4B~6B）先将建筑的明暗关系进行区分，在涂调子的过程中要做到线条清晰，不要画“腻”。还要注意阴影和暗部之间的区分，通常阴影会相对重一些（图 4–26）。

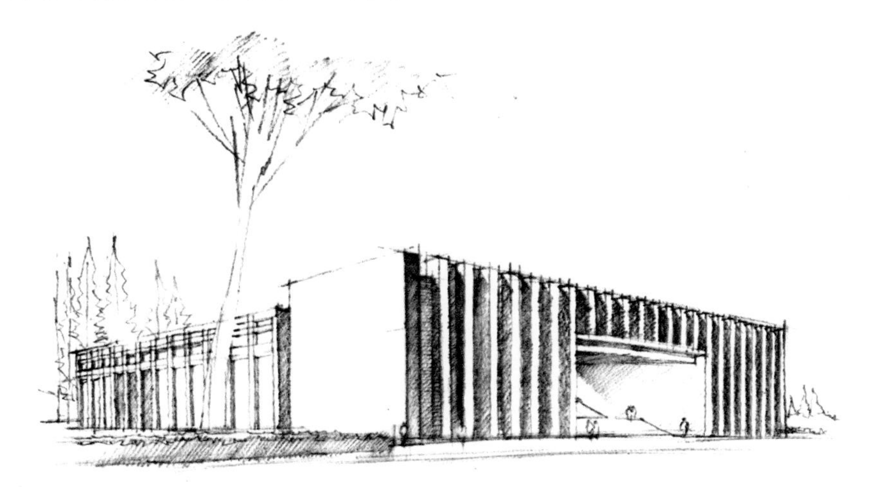

图 4–26
步骤 3

步骤 4：当大关系处理好之后，需换硬铅笔（HB~2B）深入刻画。亮部通常做留白处理，暗部需要画出更多层次，深入实际上主要是处理好暗部，要严格对待暗部里面的过渡变化，千万不可画“死”。最后需注意将边缘线画实，同时使它融入到块面当中（图 4–27）。

图 4–27
步骤 4

步骤 5：深入配景。配景无需刻画精细，运用铅笔排线画出大关系，将前景树和远景树作好明暗区分便可（图 4–28）。

图 4–28
步骤 5

4.1.5 建筑空间表达五——教堂建筑钢笔线稿步骤

步骤 1：首先利用铅笔定位好画面的视平线和灭点，如果灭点放不开就请放在画纸以外。然后勾勒出建筑大体轮廓（图 4-29）。

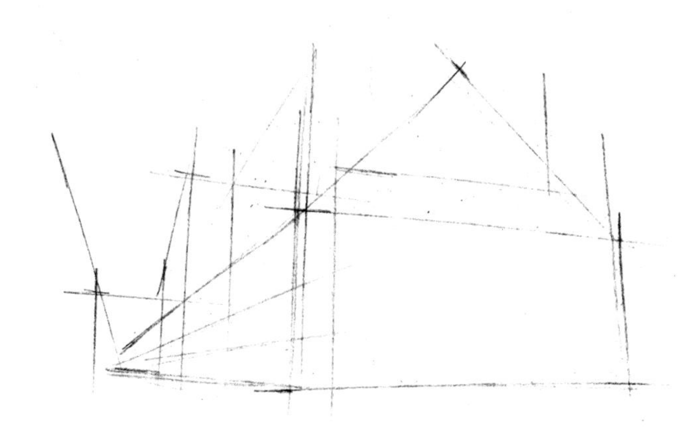

图 4-29
步骤 1

步骤 2：概括地画出建筑物的外部轮廓，在这一步中我们不强调任何结构细节，只需用直线概括出教堂的基本结构。直线概括出的线条并不意味着就是建筑本身的结构线，在某些情况下它属于辅助线，在绘制中应该多多尝试用辅助线来打底稿，因为这种辅助线可以帮助我们准确地衡量所画建筑的透视关系，并且能够准确地定位各个结构的位置点（图 4-30）。

图 4-30
步骤 2

步骤 3：继续深化建筑的细节。由于教堂的结构复杂且每个块面重复性较多，因此画的时候要注意把握好整体，千万不可“掉进”局部描绘里无法自拔（图 4-31）。

图 4-31
步骤 3

步骤 4：铅笔稿起好之后，用绘图笔开始勾画建筑的外轮廓。勾线的时候要从大块面结构着手，暂时忽略小块面的细节；轮廓线在画的时候要厚重一些，尽量不要出现虚线条（图 4-32）。

图 4-32
步骤 4

步骤 5：这一步开始刻画教堂的小块面结构，实际上也是按照铅笔起稿的顺序依次刻画出结构关系。由于教堂建筑比较复杂，所以铅笔底稿不一定是百分百准确的，因此，用绘图笔勾线的时候不要完全按照铅笔线的轨迹描出来，而是要在此基础上进行再塑造，让建筑形体显得更加准确。在塑造小块面的时候，线条要肯定有力，注意交点的对接和小的透视关系（图 4-33）。

图 4-33
步骤 5

步骤 6：塑造教堂建筑周边的配景，体现场景氛围。配景可以很好地用来衡量建筑物的体量感，同时很好地营造环境气氛（图 4-34）。

图 4-34
步骤 6

步骤 7：添加阴影调子，强化画面层次关系。对于复杂的建筑来说，阴影调子是区分主次关系的最好方法，但是要注意，我们不能面面俱到，哪里都画调子，这样画出来的结果就没有主次，没有层次。应该主观地塑造明暗调子，视觉中心或者建筑物最需要表达的位置加强调子对比就可以，剩下的部位概括或者省略（图 4-35）。

图 4-35
步骤 7

4.2 建筑空间作品赏析

图 4-36~ 图 4-41 采用了铅笔和彩色铅笔来绘制，从技法上看都是运用了尺规作图，边缘线处理很“硬气”。这种快速表现并不是细致入微地刻画，而是追求简洁、洒脱的画面效果，讲究用笔的速度和力度。

图 4-36
铅笔和彩色铅笔绘制（一）

图 4–37
铅笔和彩色铅笔绘制（二）

图 4–38
铅笔和彩色铅笔绘制（三）

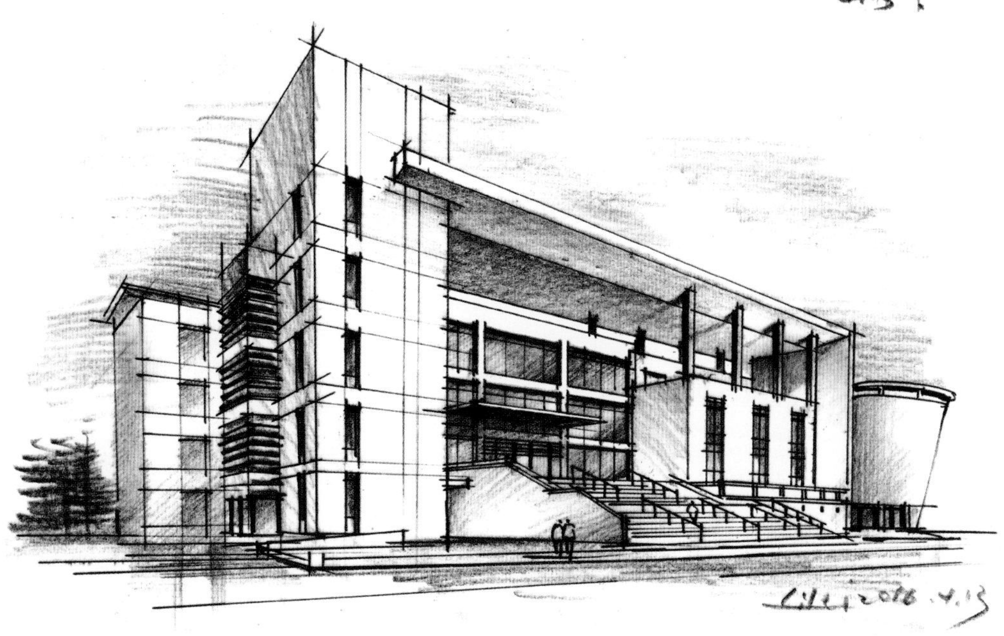

图 4–39
铅笔和彩色铅笔绘制（四）

图 4–40
铅笔和彩色铅笔绘制 (五)

图 4–41
铅笔和彩色铅笔绘制 (六)

图 4-42~ 图 4-44 采用了线描的处理手法，也就是通常所说的黑白线稿。它是手绘的常见模式，一般先用铅笔打稿，再用绘图笔刻画细节。这种线描形式本身就是一种独立的表现作品，在画面中对线条的组织分布要有疏密的考虑，同时也要给马克笔着色留有很大的空间。

图 4-42
黑白线稿（一）

图 4-43
黑白线稿（二）

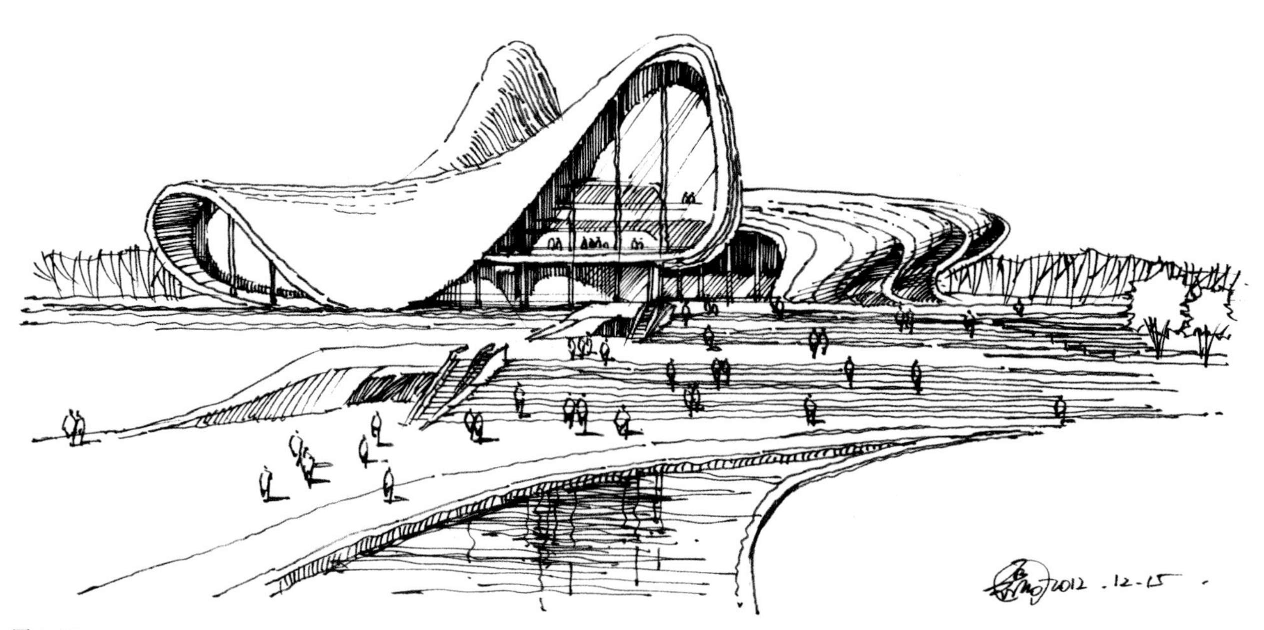

图 4-44
黑白线稿(三)

图 4-45~ 图 4-77 都是采用了马克笔上色。从色彩的角度来说，这些作品有的是灰色调，有的色彩相对较艳丽，不管采用什么样的色彩，目的都是为了突出建筑的材质、光感和场景氛围。在笔触运用方面，同时突出笔触的秩序和力度效果，增强建筑结构关系；建筑受光部分大胆留白，暗部敢于加重但能区分出细节变化，做到这样的处理才算得上是优秀的表现作品。

图 4-45
马克笔上色(一)

图 4-46
马克笔上色(二)

图 4-47
马克笔上色(三)

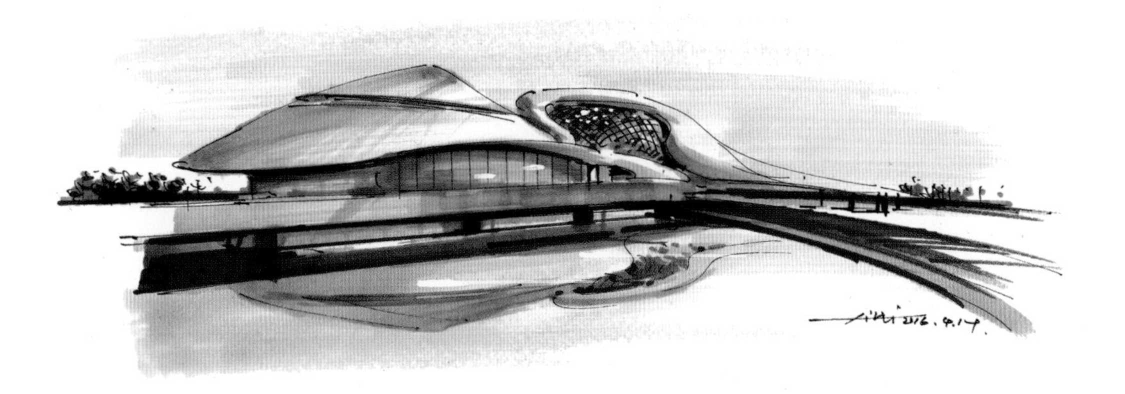

图 4-48
马克笔上色(四)

图 4–49
马克笔上色(五)

图 4–50
马克笔上色(六)

图 4-51
马克笔上色(七)

图 4-52
马克笔上色(八)

图 4–53
马克笔上色(九)

图 4–54
马克笔上色(十)

图 4-55
马克笔上色(十一)

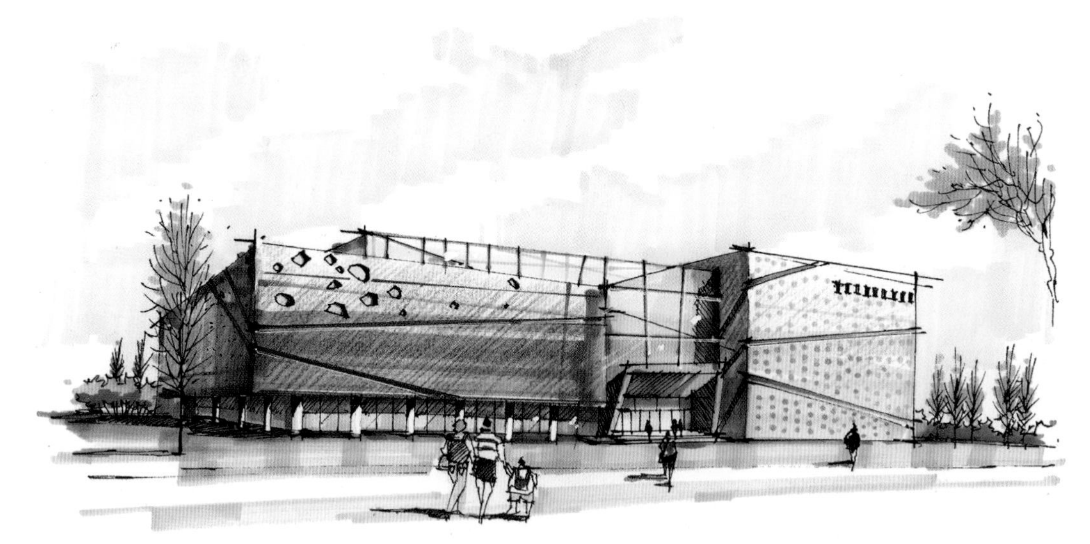

图 4-56
马克笔上色(十二)

图 4-57
马克笔上色(十三)

图 4-58
马克笔上色（十四）

图 4-59
马克笔上色（十五）

图 4-60
马克笔上色（十六）

图 4-61
马克笔上色（十七）

图 4–62
马克笔上色(十八)

图 4–63
马克笔上色(十九)

图 4-64
马克笔上色（二十）

图 4-65
马克笔上色（二十一）

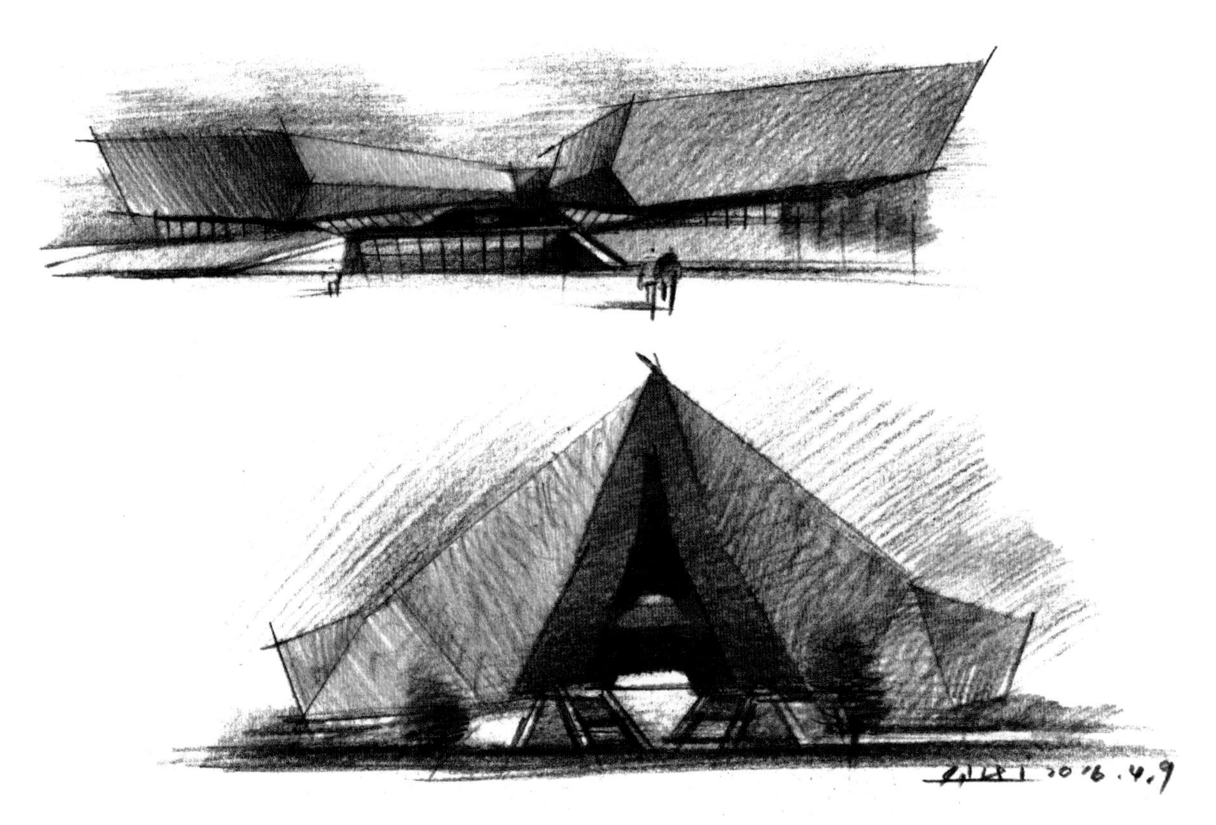

图 4–66
马克笔上色（二十二）

图 4–67
马克笔上色（二十三）

图 4–68
马克笔上色（二十四）

图 4–69
马克笔上色（二十五）

图 4–70
马克笔上色（二十六）

图 4–71
马克笔上色(二十七)

图 4–72
马克笔上色(二十八)

图 4–73
马克笔上色（二十九）

图 4–74
马克笔上色（三十）

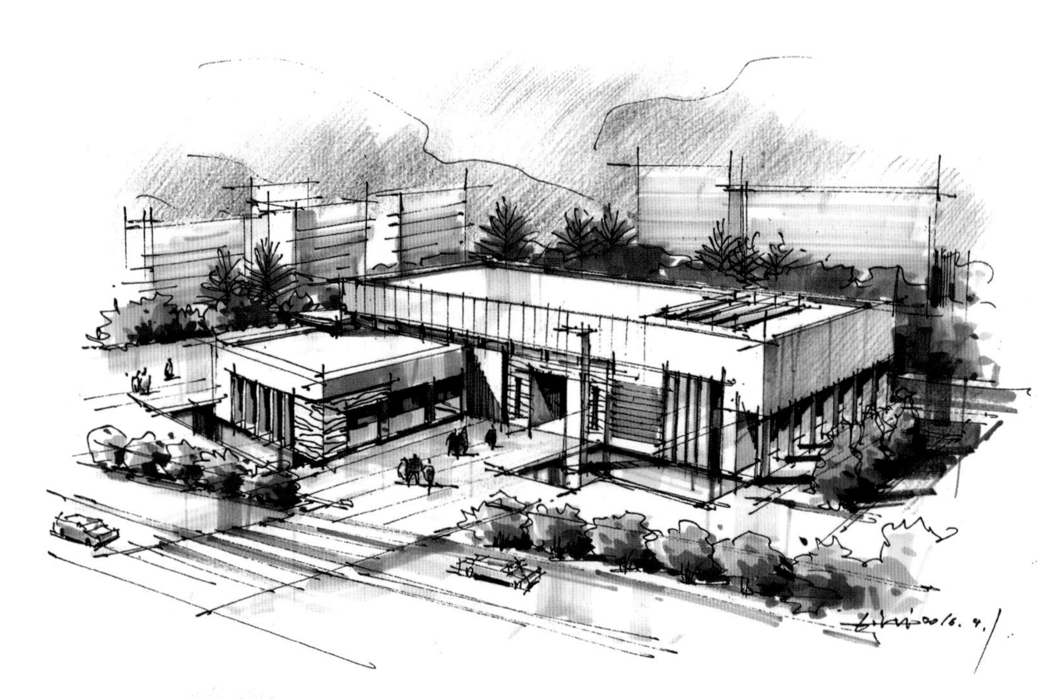

图 4-75
马克笔上色(三十一)

图 4-76
马克笔上色(三十二)

图 4-77
马克笔上色(三十三)

高级篇

第五章 建筑设计草图

5.1 认识设计草图

5.1.1 设计草图的作用

当今各种电脑辅助设计软件层出不穷，其终极目标就是帮助设计师实现从思考到表达的绝对自由，而且它的效果逼真、便于修改，在行业内已深得人心。那么，在这个电脑绘图技术越来越成为行业主导的时代，还需要手绘草图吗？如果需要，它们应该以怎样的面貌来呈现呢？

建筑设计是以图纸表达为主要手段的，对图纸的关注一直以来都是设计的一项基本内容，用图形来表现设计构思也是设计师的重要工作之一。但是，表现设计结果远远不是手绘草图的唯一作用。在设计过程中，设计思维并非线性，设计师需要不断循环地涂画来寻找设计的灵感与依据，在设计初期中那些看似凌乱如麻的线条里其实隐藏着令人兴奋的创作起点（图 5-1）。

图 5-1
某建筑设计草图
作者：李磊

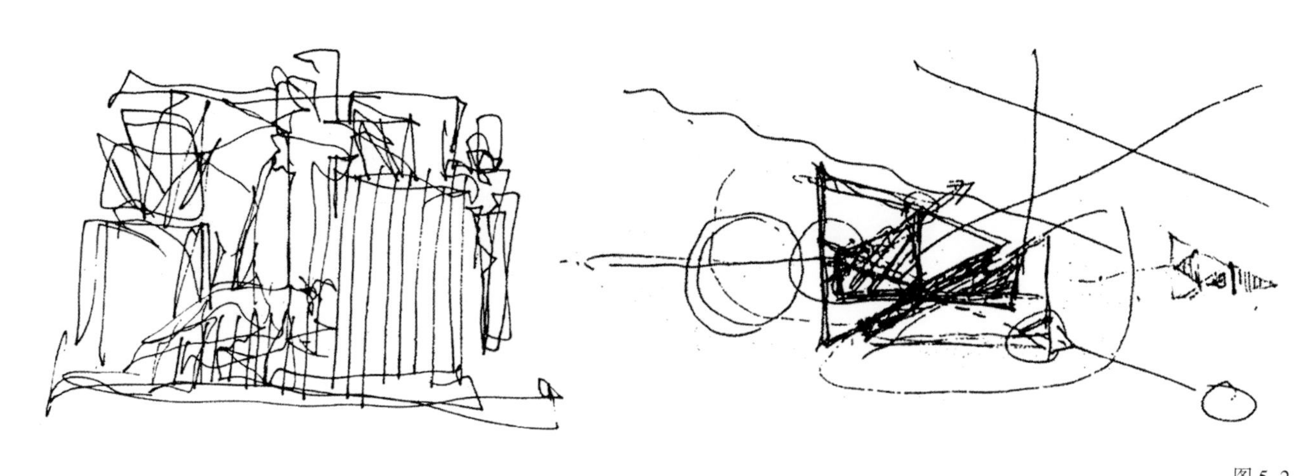

美国华盛顿国家美术馆东馆草图手稿

图 5-2
弗兰克·盖里巴黎美国中心构思草图手稿

概念的想法利用“凌乱”的线条表达在纸面上，可将杂乱的想法集中在一起，便于设计师筛选和整理。

许多出色的建筑设计实际上都是形成于设计师早期所出的模糊判断，这种无法用电脑模型一一表达的概念和想法恰恰是后续设计的发起点，也是最适宜用手绘草图进行快速记录和表现的（图 5-2）。因此，在电脑盛行的时代，手绘草图的真正意义体现在设计过程而非结果之中，它是一种将手脑结合的表达手段而非单纯追求漂亮的绘画技法。关注在不同设计阶段精准与正确的表达而非形式的表现将会使手绘草图回归本质。设计师只有技巧娴熟，才能摆脱画得漂亮的“魔咒”，才能摆脱单纯对形式的追求和束缚，画出实用性极高的手绘草图（图 5-3~ 图 5-5）。

这三张草图属于概念性较强的草图，力求强调空间的整体性，忽略了表面装饰性，体现了一种“自然美”。

图 5-3
建筑概念草图

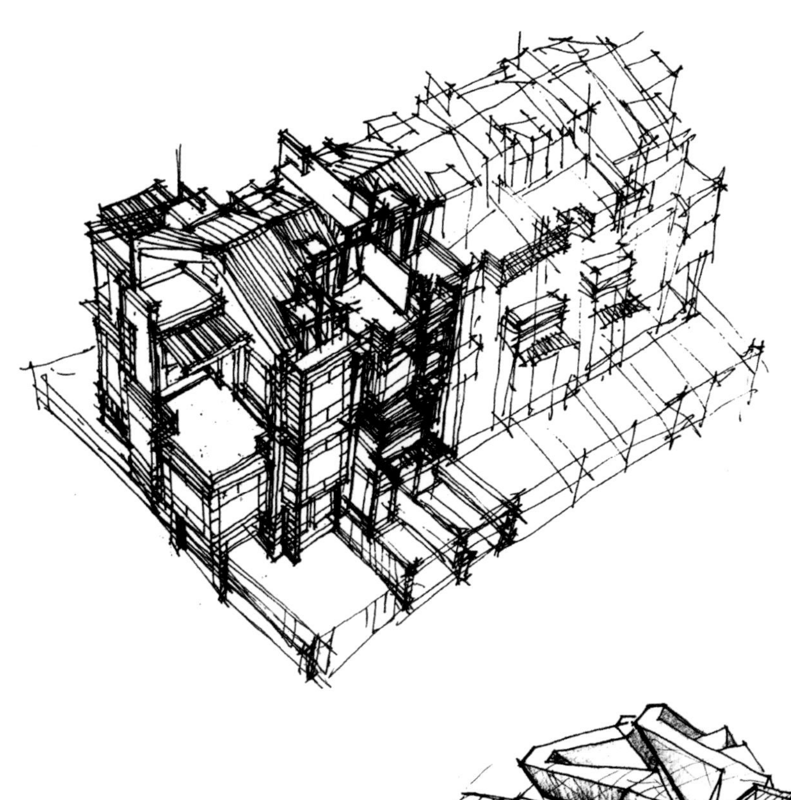

图 5-4
某建筑概念草图

图 5-5
某建筑概念草图
作者：杨瑛

在这里进行如下总结：专业的设计草图，注重方法而非技法；注重过程而非结果；注重表达而非表现。

我在教学过程中发现学生经常认为自己画的“不漂亮”，因此大量地临摹看似“漂亮”的手绘图以求提高。不可否认，这样的过程会使绘画技巧日益娴熟，但是问题来了，如果在不临摹而需要自己想象的情况下，画出来的方案还是达不到自己想象中的水准。继而，再重新回到起点重复之前的学习。其实这种作法和想法是非常错误的，因为在设计过程中起到决定性作用的设计草图是不能够用“漂亮”来形容的，有时候会画的非常潦草（图 5–6），有时候会画的较工整严谨（图 5–7），有时候又仅仅是简单的几根线条（图 5–8）。这类图纸所传达的是设计过程的含义表达与灵感闪现，它们引导着设计者构思的走向，最重要的是，在这些草图中无法总结出关于表达技巧的统一经验，给人感觉似乎怎样画都是可以的，但可以肯定的是，“漂亮”与否成为最不重要的，甚至是可以被忽略的评判标准。这也表明，草图思维是非“表现”的，各个阶段的草图有着不同设计阶段设计者的构思，并推动设计向前发展。换句话说，草图中所表达出的对设计思考远远要重于对图面表达的效果。

最后提醒同学们注意：设计绘图过程中，概念模糊的想法就用模糊的草图绘制；确定清晰的想法就用精准的草图绘制。

图 5–6
迈克尔·埃利亚斯住宅草图
作者：理查德·罗杰斯

罗杰斯的小尺度住宅延续了他一贯的结构受力特点，草图中明确表达了住宅结构组成的受力特点：住宅整体为玻璃钢架结构，悬浮的屋顶由两组钢索提升定位。

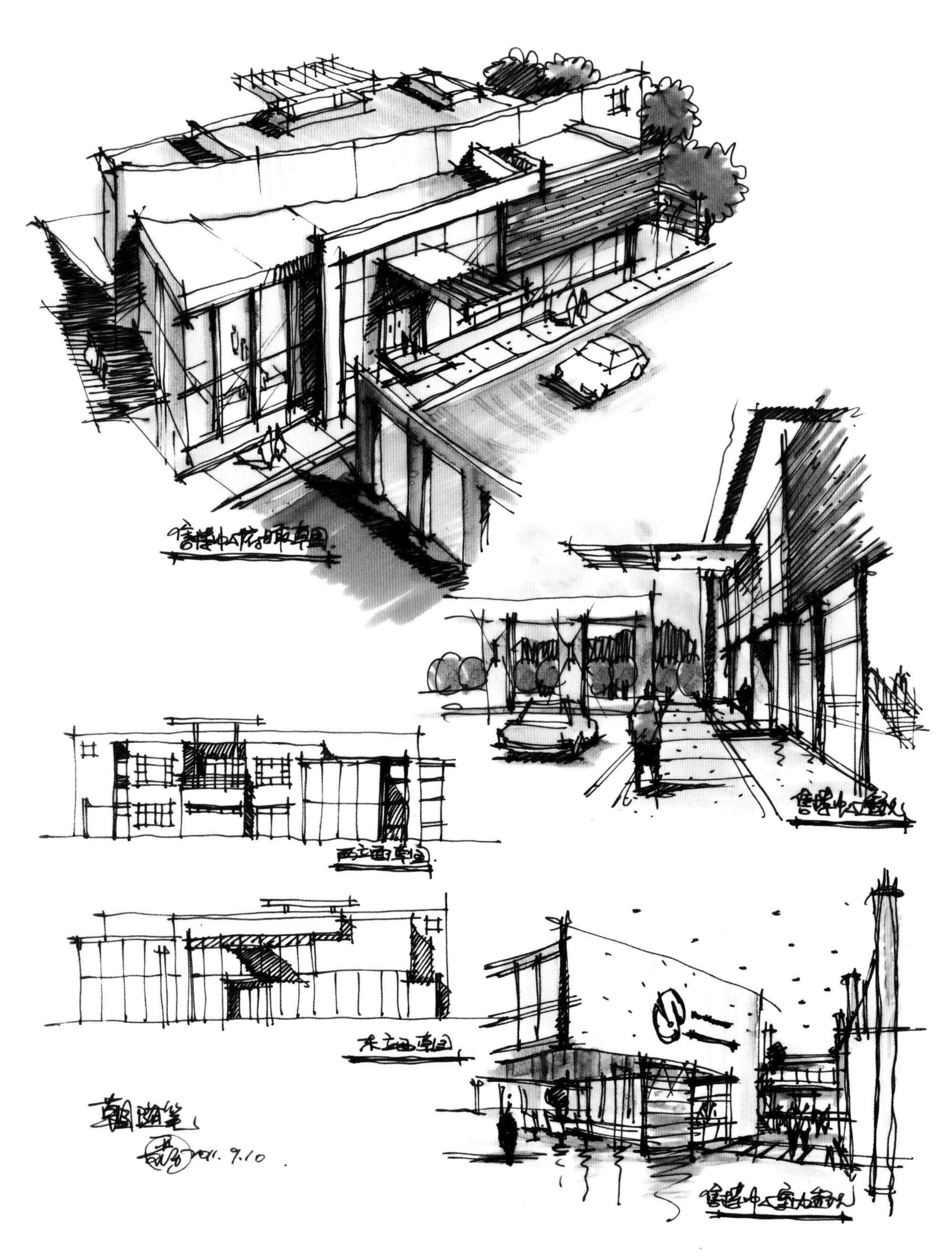

图 5-7
售楼中心草图
作者：李磊

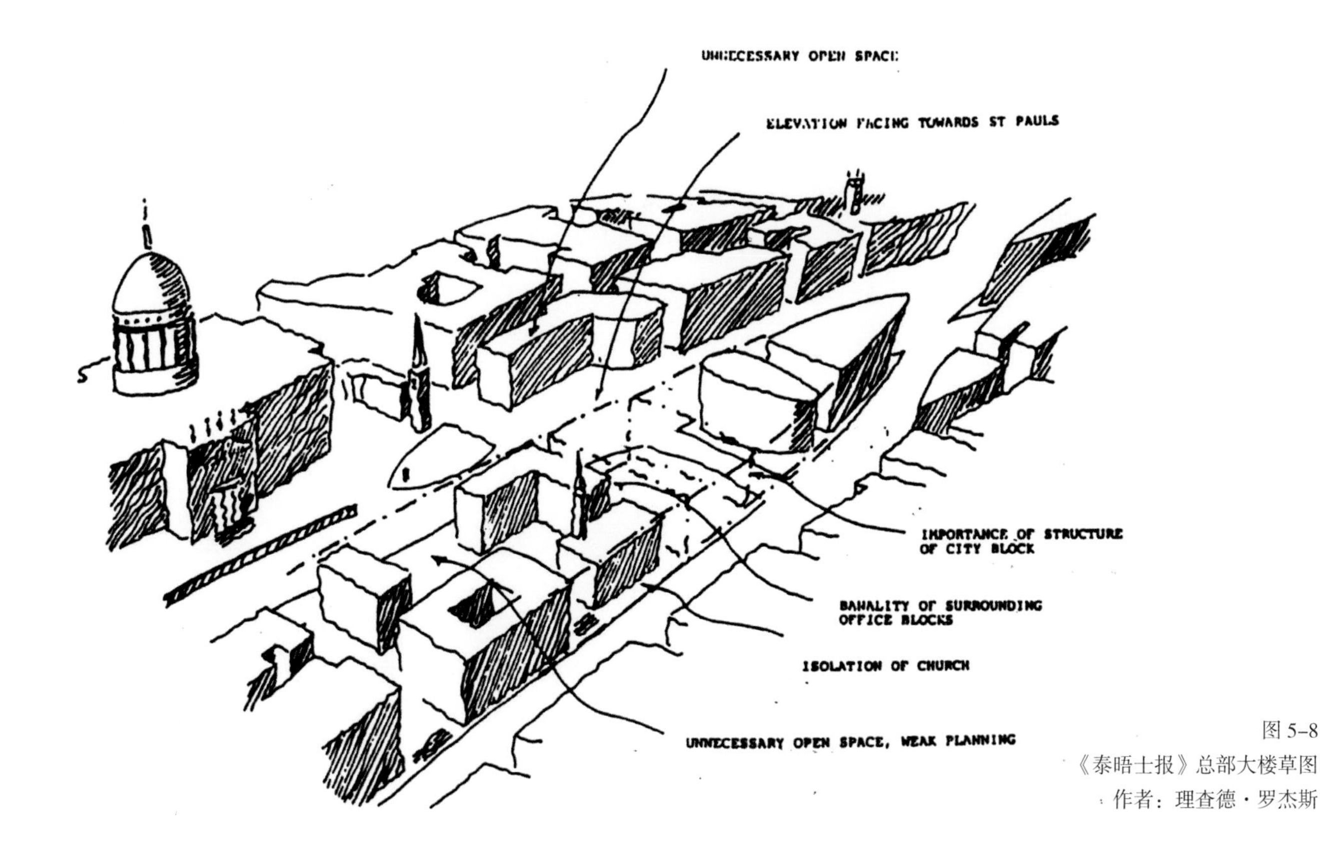

图 5-8
《泰晤士报》总部大楼草图
作者：理查德·罗杰斯

这张草图表达了罗杰斯对基地文脉的理解和回应，建立了新建建筑与圣保罗教堂的关系，为设计方案的形态消解做出了解释。

5.1.2 设计草图与速写的关系

初学者的意识里，设计草图与速写总是被混为一谈，这个观点其实是错误的。设计草图不能够等同于速写，绘制设计草图的表达能力也不能够等同于画速写的能力，当然，也不能否认他们也是具有一定的相关性，正确地理解两者异同会帮助设计师在学习过程中解除迷惑、确定方向，最终实现两者顺利地转换与提升。草图和速写都是对一定对象的描摹，速写描绘的是客观存在物，对空间形态可进行主观的艺术处理（图 5-9、图 5-10），而草图描绘的物体是并未存在，由大脑构思的虚拟形象，其本质是从无到有的创作过程。试想一下，如果大脑中无任何构思，设计草图从何而来，而这种设计构思实际上是由设计目标以及受目标激发所形成的虚拟图像组成的，也由此可以推断出，设计草图绘制必须客观、准确，它不能像画速写一样追求主观的艺术形式（图 5-11）。

速写可写实，也可夸张，其表达的是画者对景物内心的主观感受。

草图表达的是现实中尚未存在的空间构思，是未来要通过施工建成的实体空间，因此绘制应相对客观，艺术感较弱。

图 5–9
教堂建筑速写
作者：齐康

图 5–10
建筑速写
作者：齐康

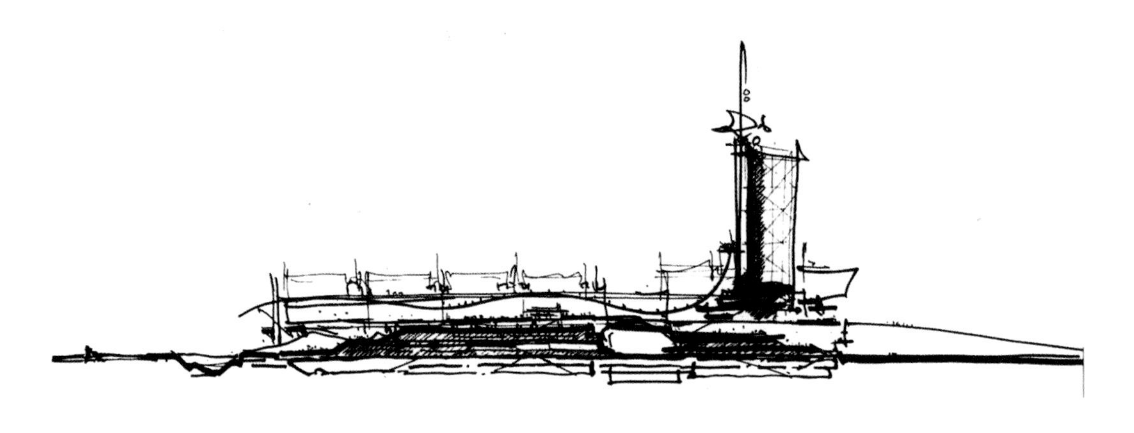

图 5–11
建筑概念草图

5.1.3 设计草图与电脑绘图的关系

21 世纪进入了数字时代，科技的发达已经扩散到各个领域，设计行业也不例外，电脑技术的开发使包括设计师在内的各行业工作人员获得更大的自由。试想，如果没有电脑工具，设计师们仍就需要借助图板、丁字尺等工具进行传统的伏案工作，这种方式显然已经不再适应当今快节奏的行业需求了。当今的软件更新很快，它的发展是否会完全代替设计师的双手呢？设计师是否应该“顺应潮流”抛弃手绘，还是在它们之间寻找能够兼容的道路呢？

设计工作一方面需要创造性思维，另一方面需要客观、科学的逻辑性分析。与之相对的是，设计表达一方面需要在模糊的思路中持续徘徊寻找方向，另一方面又需要精准、严谨的语言将设计成果完整地表达，这样就似乎暗示了手绘与电脑之间不可互相代替的命运。手绘的过程是思考过程的直接体现，它恰恰发生在设计方案前期的构思阶段，恰恰是在犹豫、停顿、反复之间包含大量有用的信息，而设计的灵感很可能就隐藏在这些信息当中。而电脑绘图则与之相反，其大多都是命令性操作，通过建模而做出的都是具体的形态，当屏幕上出现的大多都是确定的图形时，那些与创造性思维相关的联想等也必将会受到很大的限制。但是当设计进入后期成果的精确表达阶段时，电脑技术的强大力量就会彰显出来。如施工图、3D 效果图的绘制等。当前，很多设计公司开始尝试将电脑与手绘相结合的方式做设计，手绘负责前期构思，电脑负责后期表现，从而实现电脑技术对手绘表达的辅助作用。可见，了解各技术的优势和劣势，不抛弃任何一种技术而将其有效结合的方式，将为设计师的设计表达带来更大的自由。

5.2 设计速写的重要性

5.2.1 重视临摹与写生

临摹适合设计手绘的初学阶段，通过大量临摹学习可以帮助初学者理解线条、形体和上色的绘制手法，领会处理画面的要点和方法。

临摹前首先要有独特的眼光来选择适合自己的临摹范本，并由易到难的学习。在学习过程中万万不能“依葫芦画瓢”，只追求像，而忽略了作品的内涵。临摹过程中要反复比较，体会原作中用线的技巧、色彩搭配、造型的处理方法，想想人家为什么要这样去画，经过反复思考之后，再下笔临摹。我们追求的是“神似”而不是“形似”，每个人都有自己的特点和习惯，即便是临摹他人作品，也要将自己的优势发挥出来，然后将彼此进行融合并做到为我所用。

写生是结合现场进行实地描绘的练习手段，是从临摹形体到独立组织形体的转变，也是学习设计手绘过程中的重要环节之一。通过写生，可以训练绘制者组织画面的能力，同时还可以设身处地的去理解真实空间，体会空间的尺度感，并提高观察力、敏锐感受的能力、形象记忆和概括表现能力。从写生中来获取处理画面的能力和经验，能够帮助设计草图的场景表现更加合理，造型结构更准确且风格更具独创性。因此，写生训练也是培养设计手绘表现不可缺少的一种手段，希望学习者加以重视（图 5-12~ 图 5-16）。

图 5-12
欧洲建筑速写
作者：李磊

图 5-13
上海外滩建筑速写
作者：刘宇

图 5-14
教堂建筑速写
作者：李磊

图 5-15
泰国街景
作者：李磊

图 5-16
天津意式风情街街景
作者：李磊

5.2.2 由绘画速写转入设计速写

上面提到的临摹与写生属于绘画速写范畴，是学习手绘的基础，但作为设计师的我们，不能完全追求画得像、画得好，我们的最终目标是创作出好的方案，并相对直观地把设计概念传达给甲方。所以，我们需要通过绘画式速写转变成设计速写。在临摹中体会和研究原作者对物体的提炼、控制能力，将其运用到自己的创作方案中；在写生中体会和发现实物与景物对我们创作思维的启发和影响，不断有意识地反复绘制，研究大量的、多种类型的“学习”“顿悟”“拓展”的可能性，从而把绘制对象的特征、感觉有意识地“移植”和“再创作”到我们的设计创作中（图 5-17~ 图 5-19）。

图 5-17
建筑草图
作者：李磊

图 5-18
建筑设计草图
作者：李磊

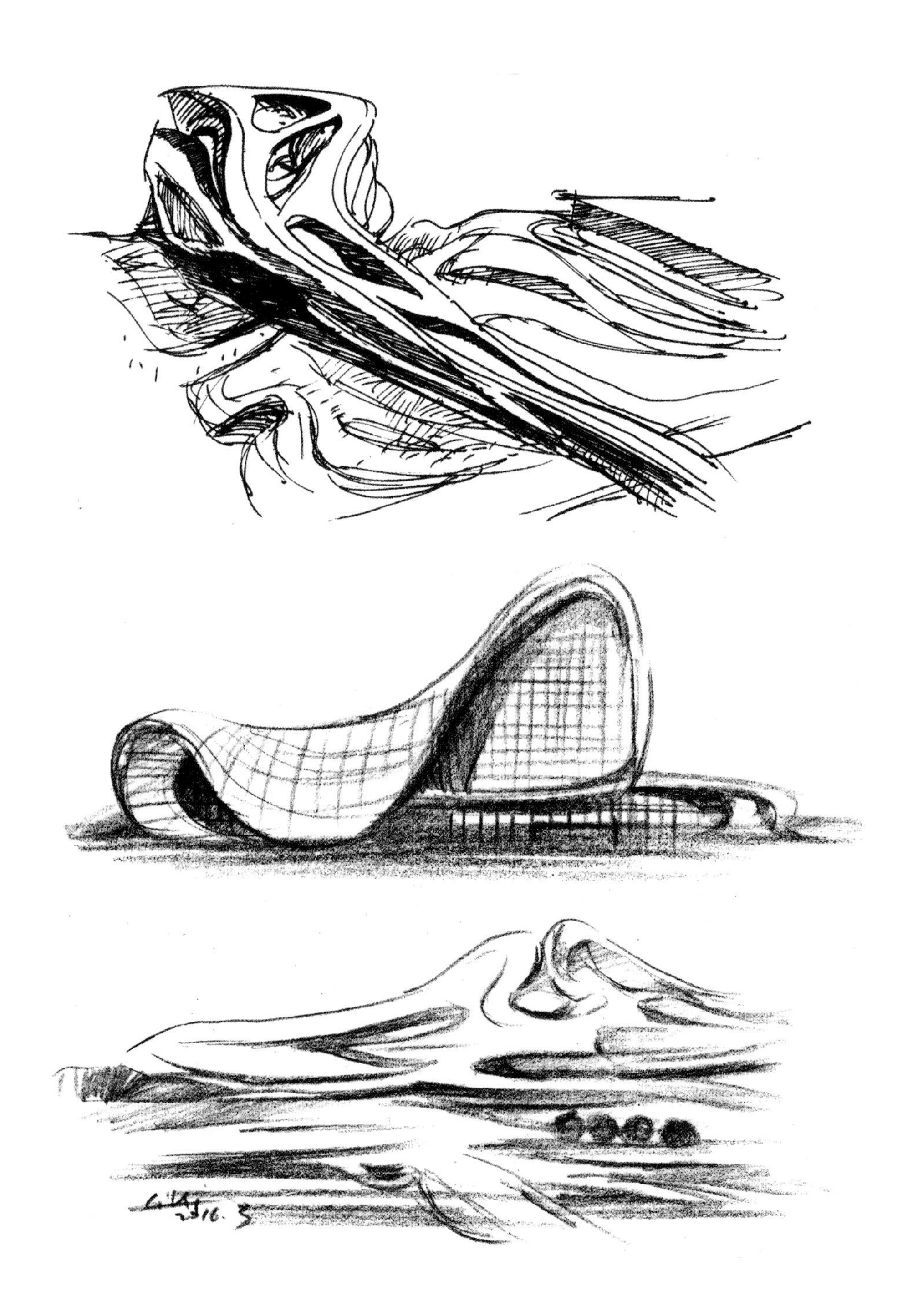

图 5-19
扎哈建筑设计速写
作者：李磊

5.2.3 设计速写要从抓要素开始

很多人会在临摹和写生过程中看见什么画什么，完全不考虑抓住重点，觉得如果不全画完就是没有完成一样。那么真的有必要这样做吗？我的答案是非常没必要！因为我们的目标是设计师，从设计角度上讲，只要抓住重点要素加以描绘就可以了，剩下的次要部分则需简化或者省略。因此，笔者建议大家在训练时从某个感动自己的细部入手、从感兴趣的方面入手，实际上从常识而言，真的是最佳的入门手段之一。

针对要素的训练应注意以下几点：

a. 把握整体气氛。首先要分析出速写对象的整体感觉，然后画大量的设计速写研究、提炼形成这种整体感觉的原因。分析好了是什么要素达成了整体感觉的表达后，就要把这些要素运用到自己的设计表达中，看能否形成同样的感觉（图 5–20）。

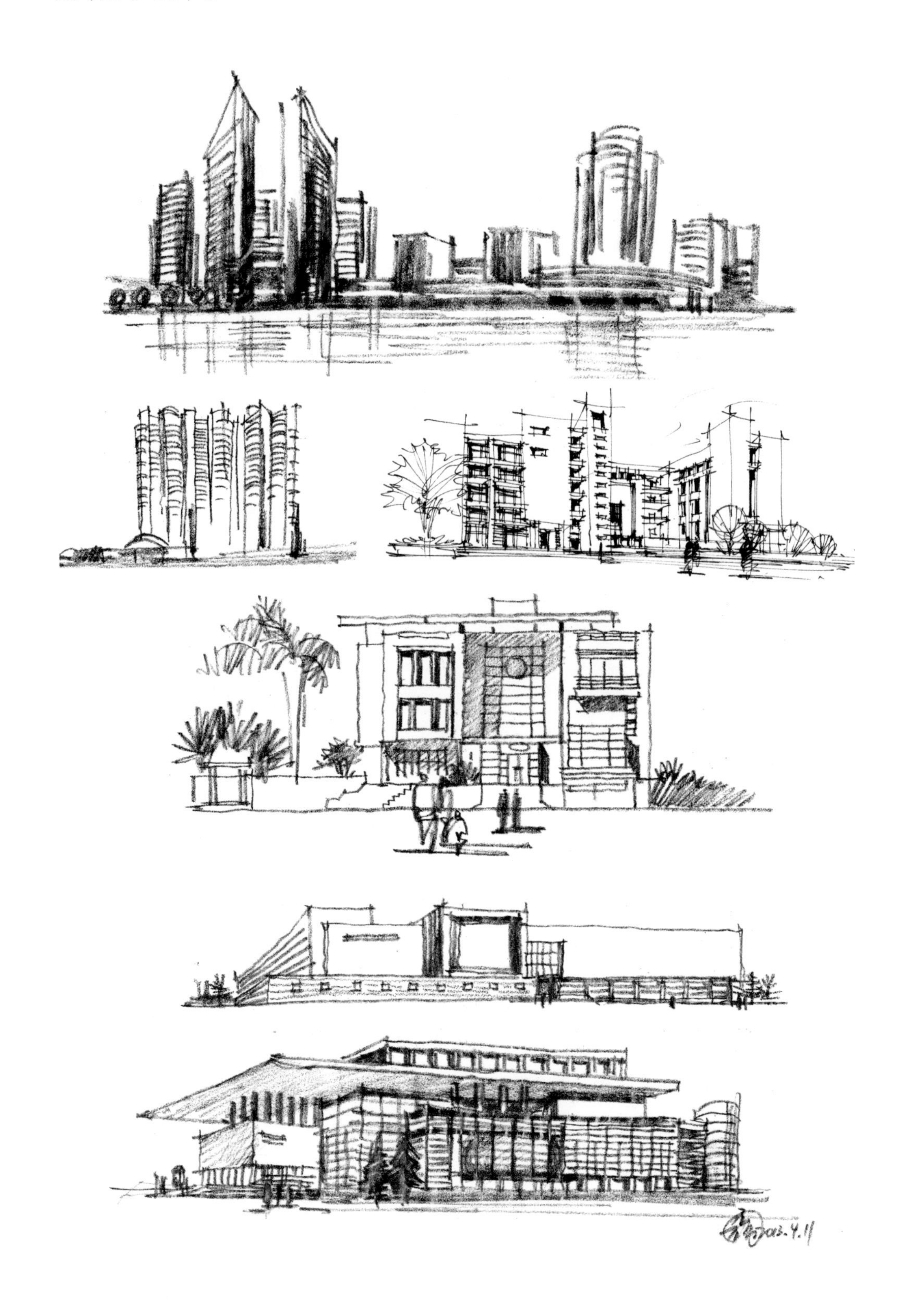

图 5–20
建筑概念草图
作者：李磊

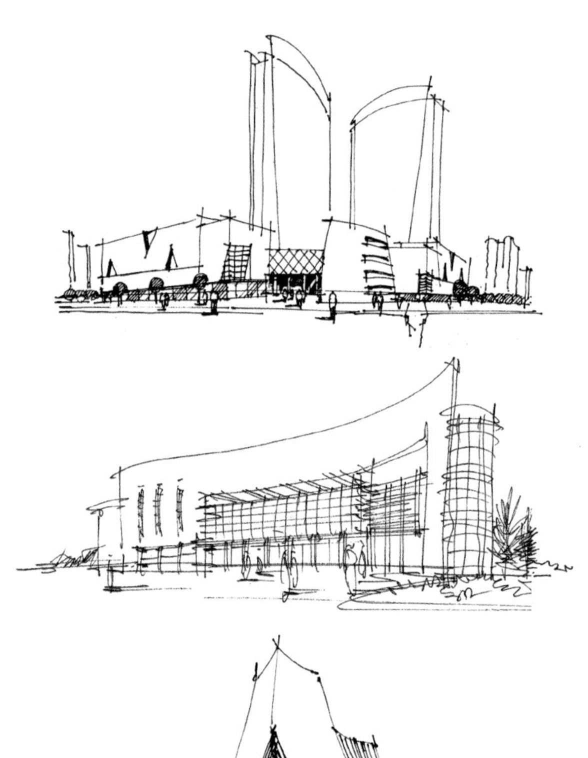

b. 抓住重点要素。所为重点要素，就是在分析中去粗取精、究其根本。表达设计图，并不是画的越细越好，而是越能控制主次越好。只有拥有了抓大放小的能力，才会逐步训练出专业的克制能力，才会使得设计更加令人感动（图 5–21、图 5–22）。

c. 高效控制色彩。在画面着色时，要有一个相对统一的色调，同时加少量对比色去烘托，强调“大统一、小对比”。前面已经提到过，越是高级的作品，往往色调越统一。这部分的训练极其重要，必须要靠大量的着色训练来体会（图 5–23）。

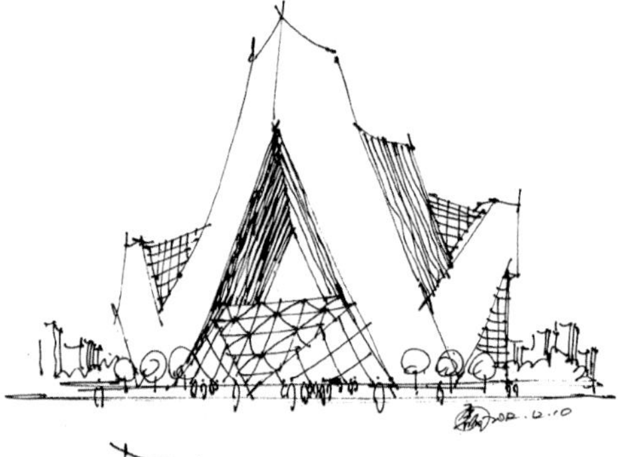

◀ 图 5–21
建筑速写（一）
作者：李磊

▼ 图 5–22
建筑速写（二）
作者：李磊

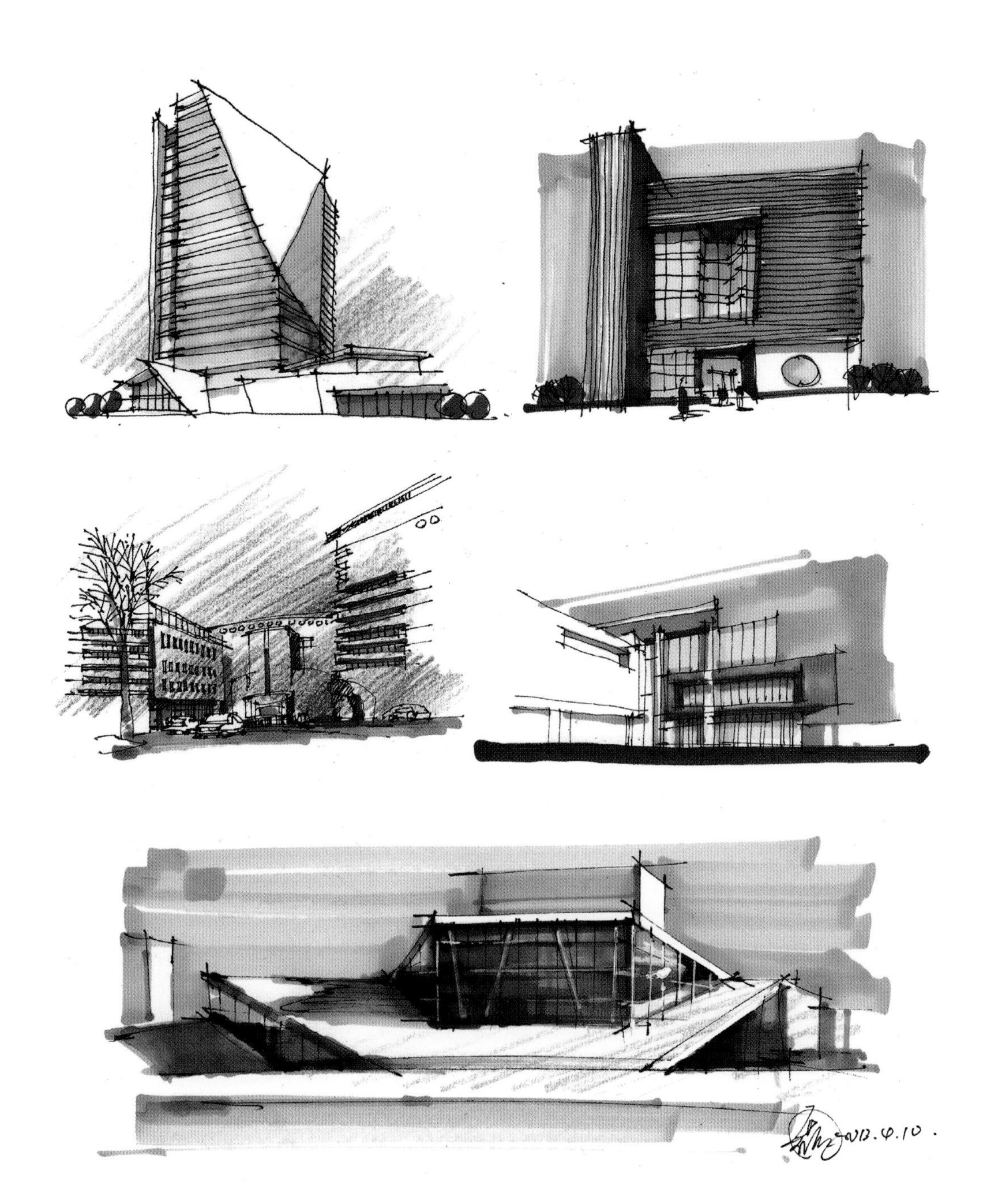

图 5-23
建筑设计速写
作者：李磊

5.3 建筑设计前期过程中的草图表达

5.3.1 空间分析的草图表达

任何一个建筑设计都是在各种各样限制的条件下进行的，通常而言，这些限制条件有以下几方面：设计任务书、建筑设计规范与条文、与甲方直接沟通、对空间场地的理解与感悟等。用草图的形式把设计条件表达在图纸上，实际上是将各种文字形式的限制条件以及各种存在于语言和大脑中含混不清的条件进行图像化和可视化的过程，通过草图连贯地进行设计思考，进而有效地推进设计（图 5-24、图 5-25）。

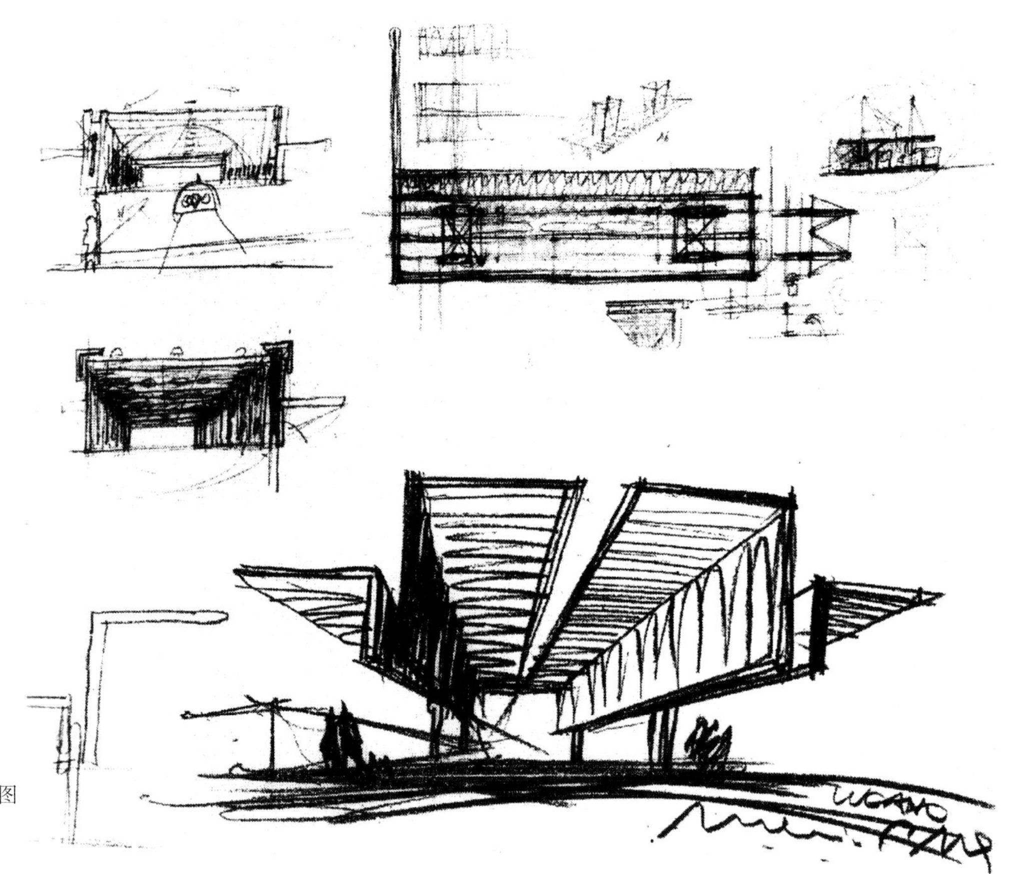

图 5-24
瑞士 Terminal 公共汽车站草图
作者：马里奥 · 博塔

瑞士 Terminal 公共汽车站建成后的实景图片

图 5-25
建筑设计草图
作者：李磊

以上两幅草图较“杂乱”地将空间特征、对空间的初步理解全部绘在纸上，便于进行集中的构思。

一般情况下，设计条件可简单地分为强制性条件和非强制性条件。强制性条件是指任务书上明确提出或者各类规范规定的设计条件，如承重墙、房梁、管道等，这些设计条件通常不可更改，可以用不同形式的确定的线条表达在草图纸上。非强制性条件指在场地分析中形成的有利于方案发展的的设计条件，这些由设计者分析而得出的结论通常与设计方案模糊的初步构思交织在一起。因此，这阶段的草图可以帮助设计者及时地将分析过程产生的结论与灵感记录下来（图 5-26）。

当草图逐步被绘制在草图纸上时，这些场地条件以极其形象化的方式清晰地显现了空间的动线和布局，“感觉”也就慢慢形成了。在这个过程中设计师会形成一些模糊的设计构思，随着过程的推进被不假思索地以随意的方式绘制在图纸上，而这些初步的模糊构思往往也是形成后续设计方案的最初发起点（图 5-27）。当然，这一阶段的草图往往都是设计师自己与自己沟通的图纸，并不需要拿去与甲方直接沟通。

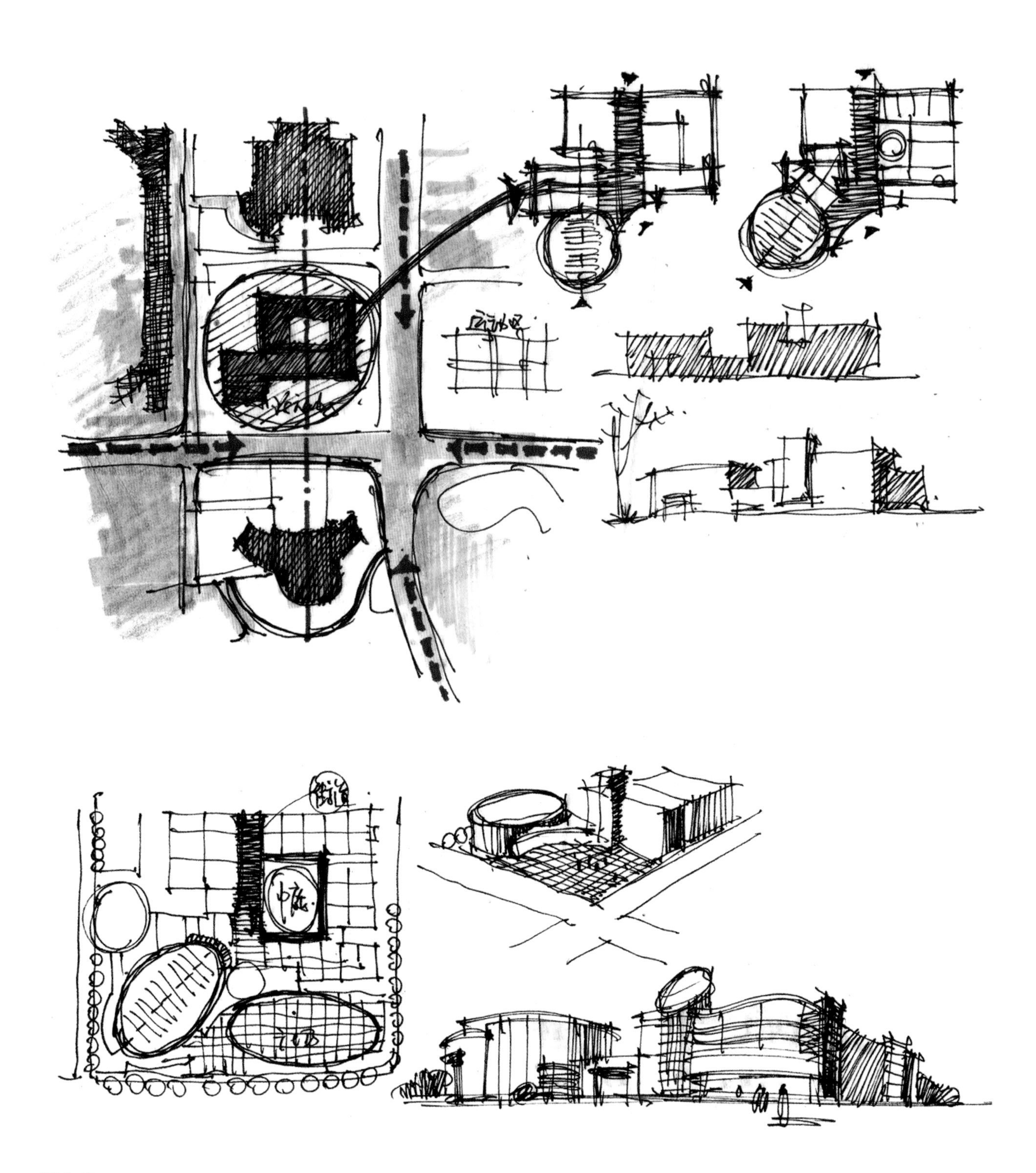

图 5-26
某校园建筑设计草图
作者：李磊

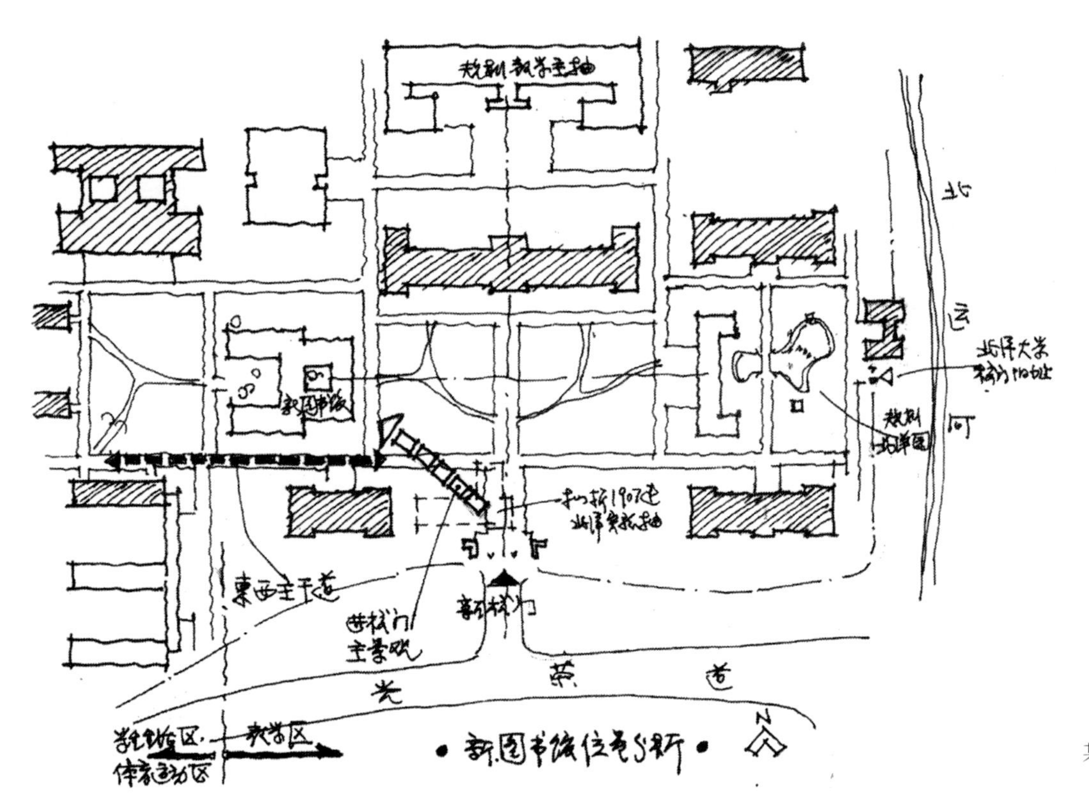

图 5-27
某校园建筑设计草图

最后，总结此阶段的草图主要类型为：场地分析图、气泡图、随手涂鸦图。设计者们应该熟练地掌握各种线条以“玩儿”的心态来绘制。

5.3.2 与甲方沟通的草图表达

这一阶段的草图特点是快速地借助草图使设计思路条理化并有重点地表达出来，相对于最前期的草图，这阶段的表达工作还起着引导甲方的作用，所以图面效果较为深入（图 5-28、图 5-29）。

与甲方沟通的草图绘制需要做到整体与细节相统一，缺少细节的图纸往往容易误导甲方，因此，设计者在这一阶段要的绘制要具备基本的绘图技能，准确地绘制出所要表达的空间(图5-30~图5-32)。

图 5-28
某办公建筑草图
作者：李磊

图 5-29
某办公设计草图
作者：李磊

图 5-30
某办公楼构思草图
作者：胡绍学

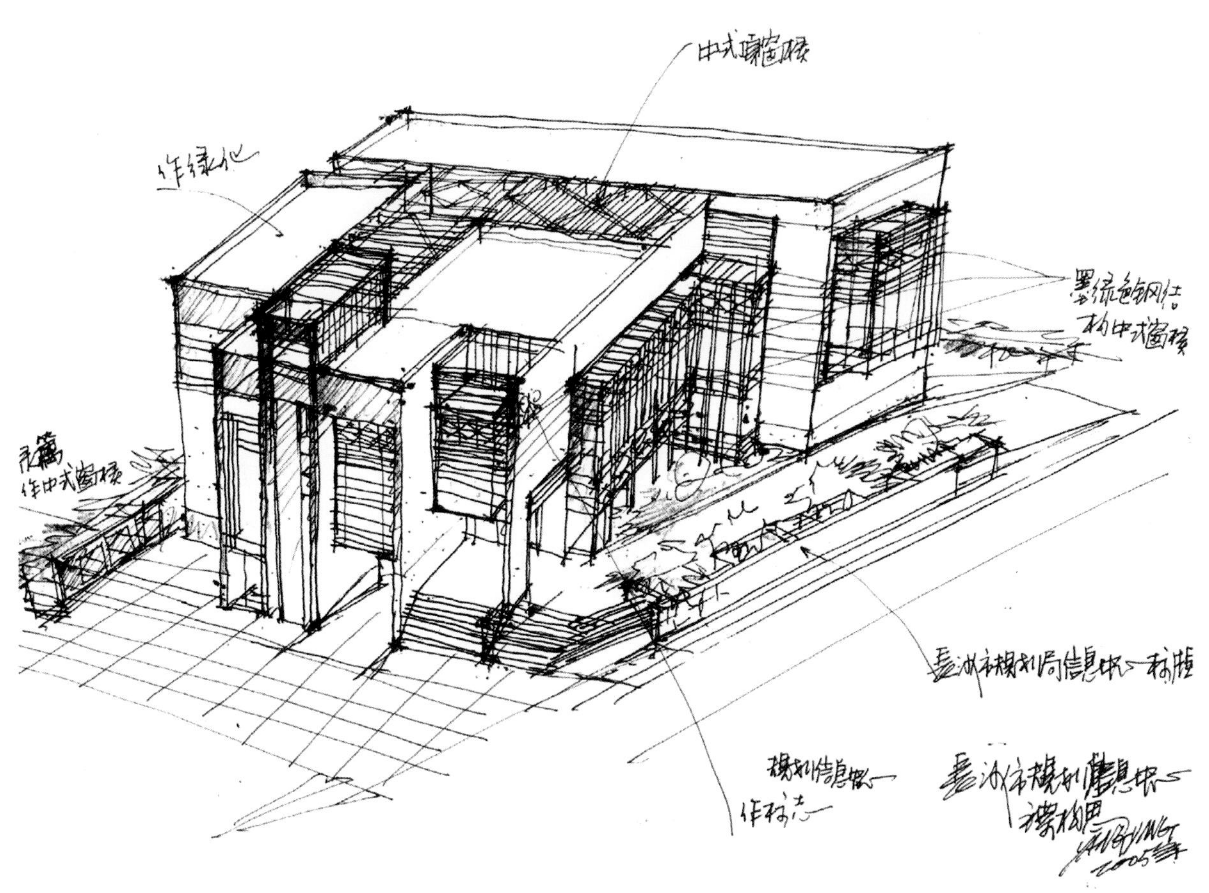

图 5–31
某规划局信息中心草图
作者：杨瑛

图 5–32
某建筑空间透视草图
作者：李磊

5.3.3 方案比选及修改阶段的草图表达

在现实的设计过程中，通常会有两种动力推动设计师不断探索新的方案，其一是设计师自身的创作欲望，其二则是甲方或者团队合作者的要求。这两种需求都必须建立在寻找新的问题以及新的解决方案上，否则便没有意义。

在方案构思阶段，设计师通常会用图幅很小但信息量很大的草图表达关键问题以及对这些关键问题的初步构思，在完成一个方案之后，再翻出以前的草图进行对比，就会发现很多问题，有的甚至会突然蹦出一个崭新的想法，产生全新的设计构思。这是通过对比得出的结论，每个设计师再出方案的时候都会绘制出三四种想法的空间草图，以便到时候选择和修改。同样在面对甲方的时候，讲解多种设计方案也有利于让甲方多方面选择，这样对方案的进一步深化是非常有利的（图 5–33、图 5–34）。

图 5–33
同一建筑的不同体块推敲
作者：李磊

图 5–34
两种建筑造型推敲草图

5.4 建筑设计方案完善阶段的草图表达

5.4.1 借助草图表达强化设计方案

提供多方案草图的目标是帮助设计师优化方案，另外则是供甲方或设计团队进行方案的选择。不同的方案的优缺点往往都是在比较的过程中被放大直至被发现，因此，为了便于这项工作的顺利进行，在绘制草图过程中可以采用一定的技巧强化方案的特征。

首先，可以绘制多种角度的草图来对空间进行一个全面系统的总结，此时的草图应相对较深入细致，目的在展示各方向的造型细节，突出风格（图 5-35、图 5-36）。

其次，可以运用线条疏密所形成的黑白灰关系或者局部上色的方式将空间设计的重点表达出来，突出其材质和光感，形成区别于其他部分的更为强烈的黑白及颜色对比，加强视觉上的重要性（图 5-37~ 图 5-39）。

图 5-35
齐白石美术纪念馆主入口和外延局部
作者：黄为隽

图 5–36
齐白石美术纪念馆沿河景观
作者：黄为隽

图 5–37
建筑设计草图
作者：李磊

图 5–38
建筑设计草图
作者：李磊

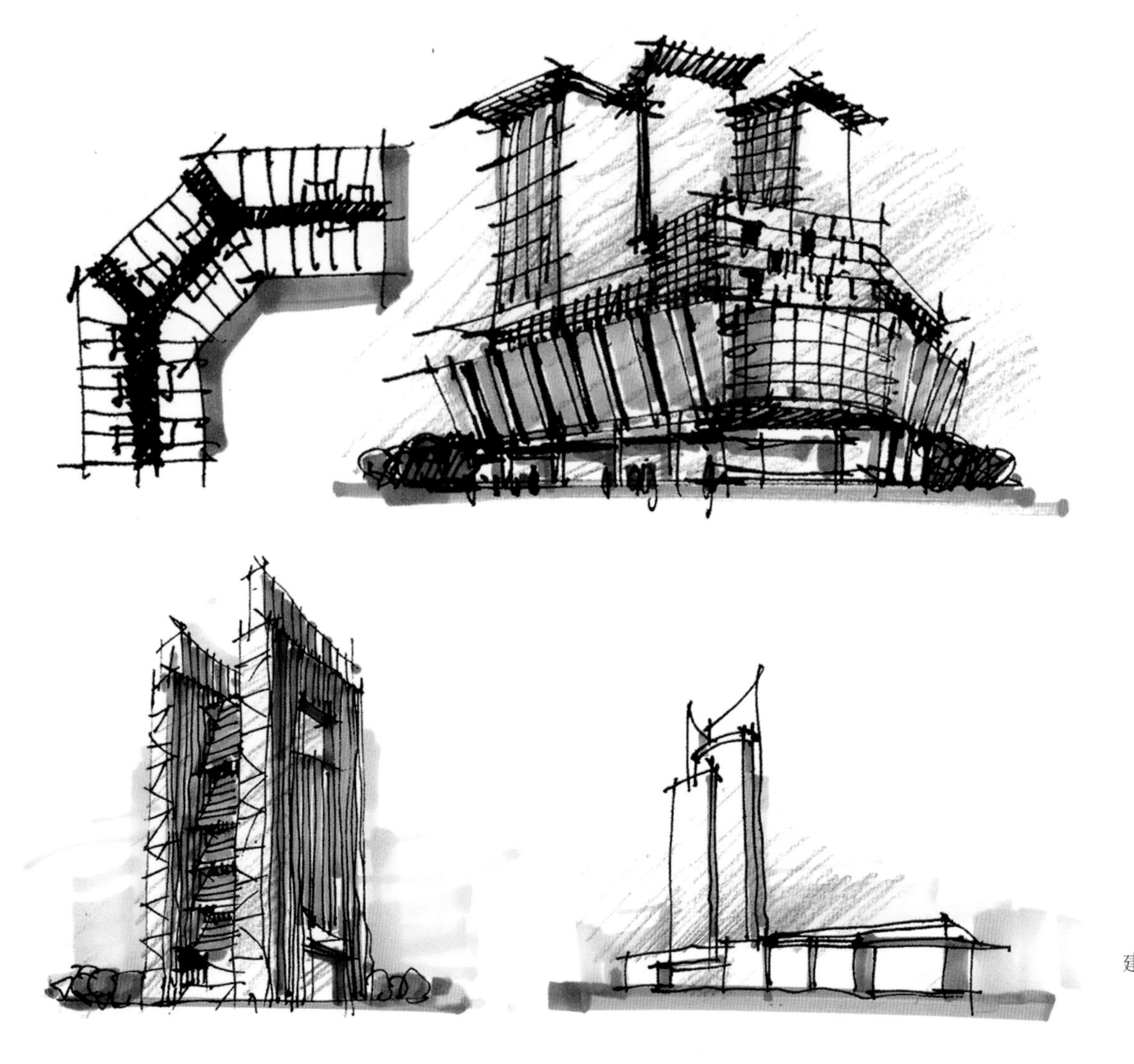

图 5–39
建筑设计草图
作者：李磊

5.4.2 借助局部放大图来体现细节

在深化设计阶段，设计的细节越来越被重视，如果单纯想要从一张透视图上体现所有细节是不可能的，因此可以选择一些重要的以及较为复杂的设计部位画出放大的细部草图，以便推进设计并利于他人理解。放大的细部草图刻画应该是建立在精确的尺寸上的，而且不可画得过于潦草，否则就毫无意义。

另外，还可以通过放大图来深化立面构思（图 5-40）。通常在绘制初稿透视草图时，对于那些复杂形体的部位及思考不完善的部位，设计师一般都会有意加以忽略，但也恰是这些被忽略的地方往往会成为设计深化过程中的障碍。因此，选择用放大图将它们画出来，并思考使其可以实施的构造细部是非常重要的。

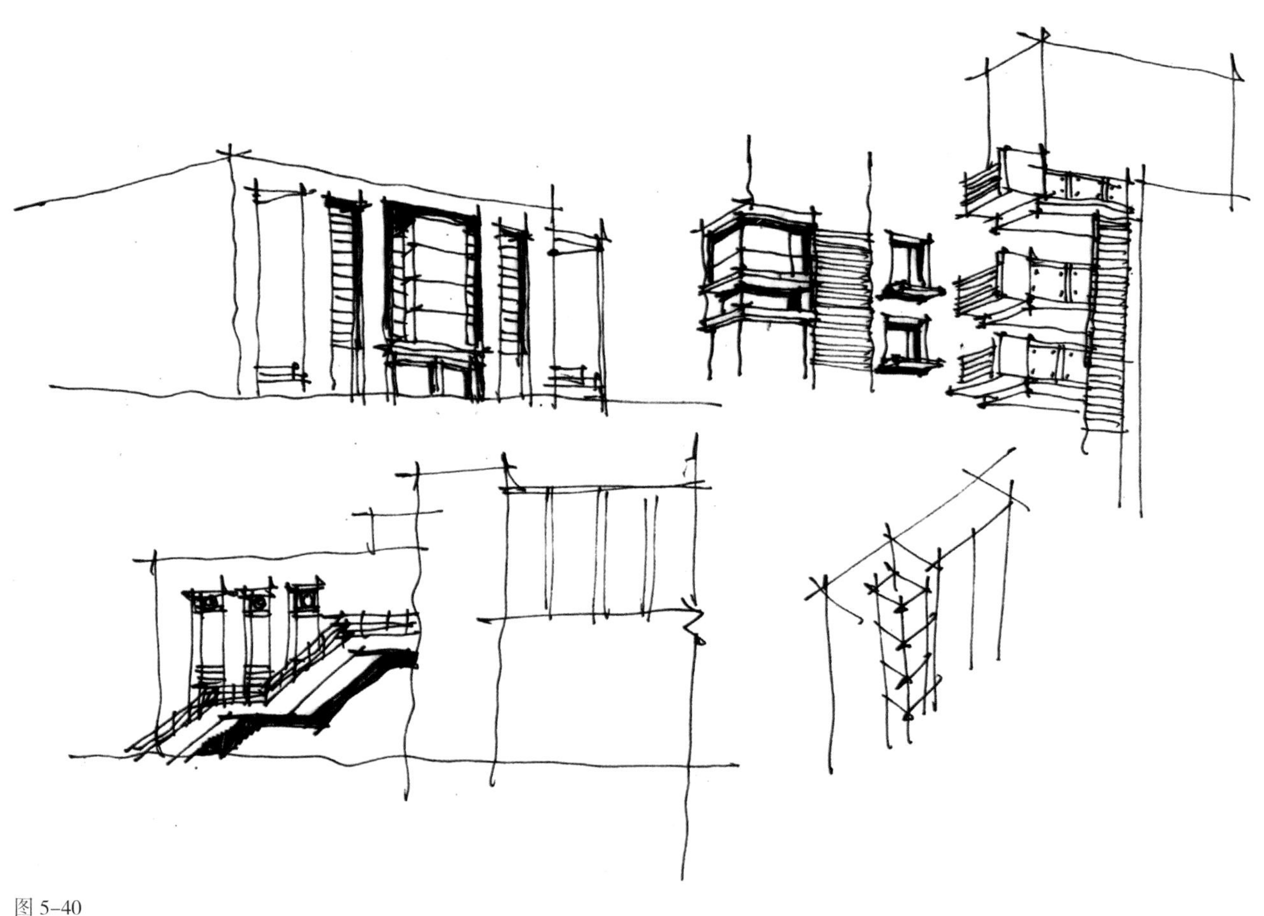

图 5-40
某建筑概念草图

第六章 建筑设计快题的知识储备

6.1 快题设计的特点

6.1.1 命题特点

研究生入学的快题考试是面向应届本科生和在职人员的一种选拔性考试，命题应能测试出考生是否具有具备研究生入学的基本条件，着重考查考生基础知识和基础理论，难度适宜，题量适中。

建筑设计快题考试是我国高校建筑设计及其理论专业硕士研究生入学考试中的专业必考科目。在考试中要求考生比较系统地掌握建筑设计的基本原理和基本方法，并具有一定的创新知识，还要具有较强的分析和解决建筑设计问题的能力，并通过强有力的表现将脑中所想的方案绘制在图纸上（图 6-1）。

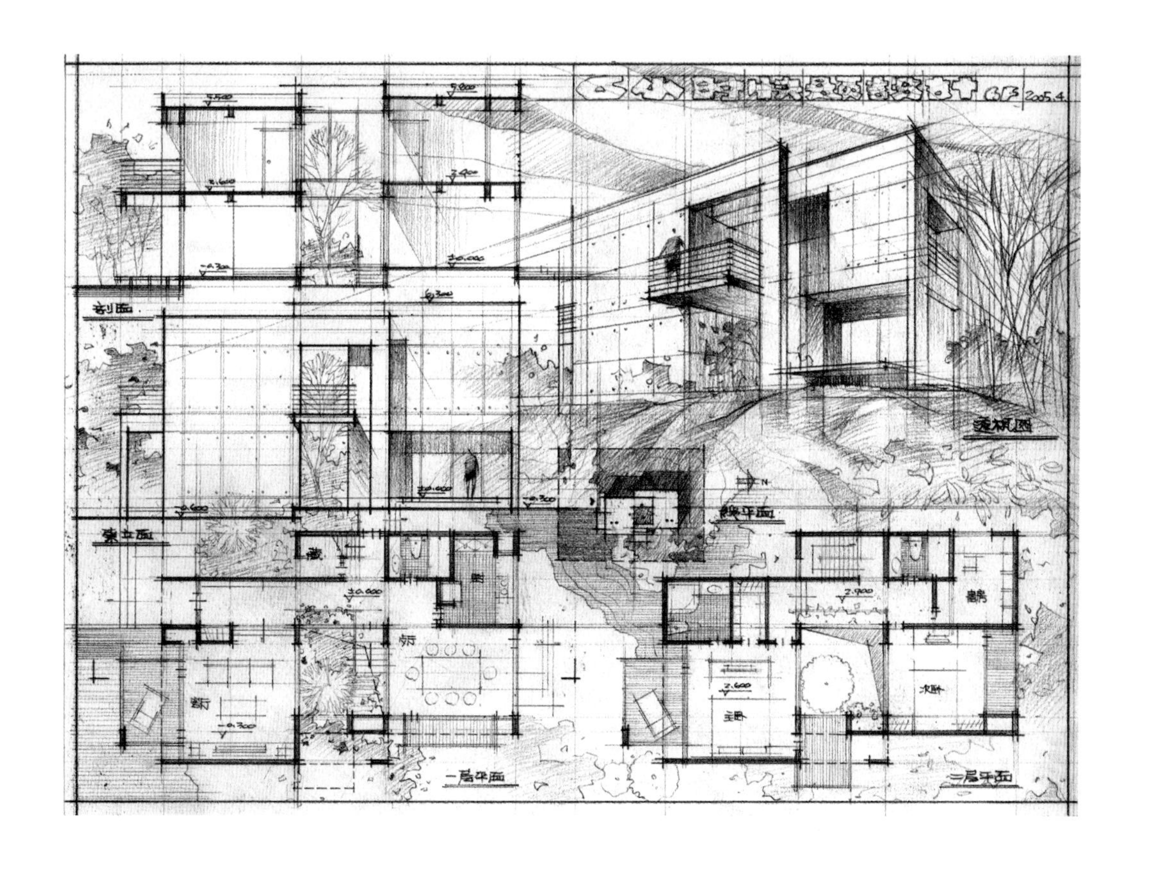

图 6-1
建筑快题设计

考试内容一般是针对中小型民用建筑。以建筑单体设计为主，包含有一定分量的总平面规划、室内外环境设计、景观设计和构造设计等。也有的高校设置题目类型较“偏”，皆在考察考生的创新能力和应付能力，意在提高入学门槛。

不同高校对图纸的数量和规格要求不尽相同，常见的有 A1（841mm x 594mm）不透明绘图纸或 A2（594mm x 420mm）不透明绘图纸。工具使用上有的利用线稿（钢笔或者铅笔）绘图，有的则需要着色（钢笔 + 马克笔）绘图。考生也可根据自己的基础选择使用尺规绘图或者徒手绘图，意在体现设计意图，形式不拘。

考试时间上，有的高校为 6 小时、有的为 3 小时。具体时间安排可参照国家和高校有关的考试时间安排。

6.1.2 评分标准

通常对于研究生入学考试建筑设计科目来说，可按照一些原则性的评价指标对应试方案进行评分。就一般而言，任何一个优良的快速设计方案应满足下列要求：

a. 满足环境的设计条件。

b. 把握功能的合理布局。

c. 创造愉悦的空间形式。

d. 符合技术的基本要求。

e. 体现较强的表达能力。

基本上，快题设计应对方案的功能布局是否合理这一环节的得分是占主导的，其次是表达能力是否吸引眼球，再次是版面设计是否美观。

6.1.3 快题设计的时间分配方法

时间的安排既要保证完成任务书规定的全部内容，又要留出剩余时间对绘制图面进行全面检查。

3 小时快题时间分配建议：

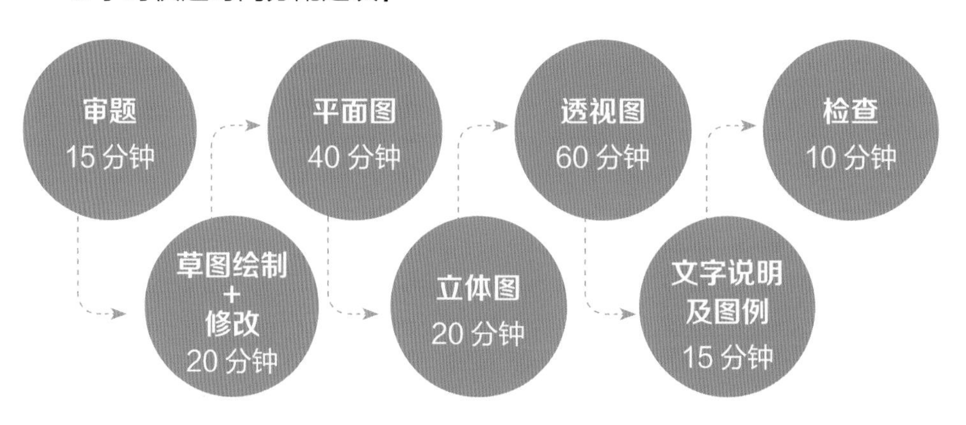

6 小时快题时间分配建议：

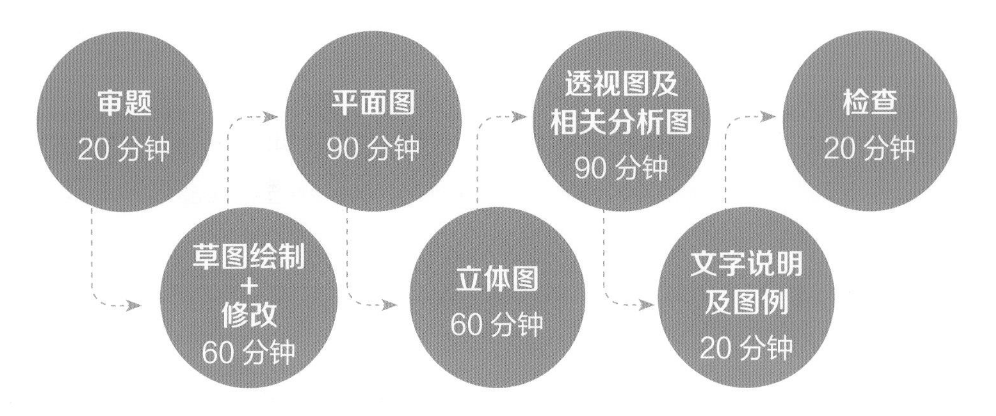

6.1.4 快题设计与手绘的联系

手绘，是借助于手的思考表达方式，是快题设计的载体，它不仅是快题设计最终效果的表达方式，也是前期学习设计过程中积累素材的手段。快题和手绘有着相辅相成的关系，正所谓没有好的设计就没有表现的灵魂，没有好的表现即使设计再好也无法抓住眼球迷人心魄。无论从方案设计初始阶段的草图思维特征，还是遵循设计规律从整体到局部的推进过程，手绘都有着巨大优势。它不但能够促进设计方案的有序展开，并沿着正确的设计方向发展，而且更重要的是能不断提高设计者的专业设计素质。一幅好的快题表现作品应具备以下优点：

a. 基本的构图、透视、结构、空间尺度没有明显的错误。

b. 娴熟自如地徒手运用各种线条，使其在画面中有机结合、主次分明。

c. 所有配景的形象要生动简练，描绘表现有速度感，是这些配景与主体相得益彰。

d. 画面中的色彩，运笔要奔放不羁，笔触能潇洒自如，色彩搭配恰到好处。

6.1.5 快题设计的基本原则

在进行快题设计时，应把握以下原则：

a. 整体性原则——方案设计能充分表达出设计者对设计任务书的理解和把握，设计整体性强，图纸表达完整、连贯，并显示出一些特点。

b. 准确性原则——应尽可能满足设计任务书的要求，建筑面积、规模、功能安排等要与题目要求相符合，不能有太大的出入，更不能自由发挥，添加一些不太必要的内容。

c. 完整性原则——符合题目要求，画面表达清楚，文字书写清楚，没有漏项、漏画、漏写和漏算。

d. 突显性原则——图纸表达成果应体现一些亮点。设计较好同时表达手法较突出的作品（如娴熟的徒手线图、建筑形体表达深入的鸟瞰图或透视图等），在评审中会被凸显出来，受到评分者的青睐。

6.2 快题设计的前期准备

6.2.1 基本知识的熟练掌握

在训练快题设计时，除了熟练掌握手绘技法之外，还应熟悉设计规范、空间功能等知识，这就要求学生长期不断地积累才能运用自如。快题设计的常见类型是中小型民用建筑，因此应熟悉公共建筑设计原理、居住区规划与住宅设计原理，熟悉设计方案的深度要求和制图规范的有关规定，掌握常见的建筑类型如幼儿园、图书馆、展览馆、社区活动中心等功能要求和规范数据。

6.2.2 设计与表现技能的达标

设计者水平的高低直接决定了设计方案的好坏。对于一些考试型的快题设计来说，在短时间内从根本上提高方案能力是不可能的，但是经过一定量的系统训练还是可以去的很大进步的。许多考研成功的同学都有这样的经验：在半年到一年的时间内通过针对性的技能训练，在考研中时能够取得理想成绩的，那么这些经验可以归纳为：

a. 了解考试大纲、了解设计工作量、规范设计步骤。

b. 充分认识自己的综合设计能力，要了解哪里是自己的优势，哪里是自己的劣势，然后针对劣势下手；每天的时间怎么样去分配，如设计训练用多久，手绘表现用多久等。

c. 选择适合自己的表达方式，平时不断练习，如树、人、车等配景形成固定的画法。熟练之后，考试中就不会出现大的闪失。

6.2.3 工具的准备

“工欲善其事，必先利其器”，绘图工具的选择对考生的重要性不言而喻。考生可结合自己喜爱的画法和习惯，固定使用几种笔、颜色和纸张，以求熟能生巧。考试前应准备好丁字尺、比例尺、三角板、草图纸等。

6.3 建筑快题设计知识要点

6.3.1 建筑快题设计的元素及基本尺度

入口

入口是进入建筑物的前导空间，其引导性和可识别性通过踏步、坡道和进入方向等强调出来。入口以主、次入口为依据，以大小不同的入口空间形成对人流的引导。

门的基本尺寸要求是 0.7~1m。人员密集场所疏散门的宽度不应小于 1.4m，且必须向疏散方向开启，旋转门、电动门和大型门的临近应另设普通门；在设计入口台阶时，必须设轮椅坡道和扶手，坡道应成直线形、直角形或折返形，不宜成弧形，且最大坡度是 1:12，最小宽度大于 1.2m；台阶踏步的宽度不宜小于 0.3m，踏步高度不宜大于 0.5m。台阶踏步数不应少于 2 级。

门厅

门厅通常是设计的重点部位，丰富的空间效果可以由门厅展现出来。门厅的尺度需要按照空间形态和建筑面积自行估算，只要满足人流出入、方便前台接待、短暂停顿、休憩等功能便可。

楼梯间

楼梯是建筑物的交通枢纽，在设计时必须选择适中的位置，从而把人流顺畅地分散到各个房间。同时楼梯还可以塑造成极为丰富的造型来活跃空间元素，具有极强的表现力。

在尺度上，楼梯的长度取决与层高，休息平台宽度不得小于楼梯宽度，连续步数不应超过 18 级，平台上下过道处净高不应小于 2m，楼段处净高不应小于 2.2m；楼段净宽按每股人流 0.55+（0~0.15）m 计算，并不应少于 2 股人流的宽度，楼梯按每层人数计算总宽，一般情况下主楼梯是 4m 开间，次楼梯是 3m 开间，出于需要也可自行增减。

卫生间

卫生间通常和楼梯间相伴，其面积没有明确要求，要根据任务书要求来判断建筑应当具有多少厕位来满足需要。

2000 ㎡以下的建筑除特殊需要外卫生间不多于 3 个，每个功能区宜设有卫生间，共各自使用。一般卫生间尺度在 3m x 6m 左右，男女合计卫生间为 6m x 6m 左右，考虑到男卫小便池设置，故男卫可比女卫略大，并配有公共盥洗室。

过道

过道宽：住宅中最窄的走道净宽不应小于 0.8m，这是“单行线”，一般只允许一个人通过。规范规定住宅通往卧室、起居室的过道净宽不宜小于 1m 宽。高层住宅外走道和公共建筑的过道的净宽，一般都大于 1.2m，以满足两人并行的宽度。通常其两侧墙中距有 1.5~2.4m。

过道高：把过道总高分成四部分：①结构高度；②设备管线高度，一般在 0.6m 左右，视风管的截面、布置方式及冷凝水管、自动喷淋水管的安排而定；③平顶的构造高度，一般在 0.05m 即可；④净高，这是设计者要认真把握的尺寸，它是决定层高的主要因素之一。

6.3.2 建筑快题设计功能分区、朝向问题

建筑设计中，功能分区一般分为动静、主次、公私等关系。具体而言，可以水平分区也可以垂直分区，其原则是避免或减少各功能区的相互干扰。

针对特殊功能的空间，如阶梯教室、观众厅、活动中心室等，通常在体量、功能及需求上不同于其他功能空间，要优先考虑其所在位置，其位置决定其他空间的布局。

另外，按照规范要求，公共厕所、盥洗室、浴室等用房不应布置在餐厅、食品加工、配电及变电等有严格卫生要求或防潮要求用房的直接上层，在功能配置过程中应加以注意。

对于经常使用、停留时间较长的空间，如教室（美术教室除外，应北向采光或利用天窗）、客房、办公等，通常要面朝南向或主要的景观方向。此外，对于多功能厅、餐厅等主要空间不可放在偏僻处，应当争取良好的朝向。

楼梯间和卫生间尽可能不要完全封闭，宜有天然采光和不向邻室对流的直接自然通风，这几种辅助空间尽量不要占据好的朝向。需注意的是，如楼梯间和卫生间合并设置位于建筑入口或端部，置于入口时应位于既方便寻找，又方便快捷地服务人流并相对隐蔽的地方。尽量不使卫生间和楼梯间正对大门入口（传统对称式建筑除外）；分开设置时位于主体功能之间，形体上可做凹进处理。

6.3.3 建筑快题设计常见类型功能分析

① 教学类建筑

a. 教学用房的平面组合应考虑功能分区明确、联系方便和有利于疏散。

b. 教学用房的平面，宜布成外廊或单内廊的形式。

c. 行政用房宜设党政办公室、会议室、社团办公室和总务仓库等。

d. 中小学阅览室的使用面积按座位计算，教师阅览室每座不应小于 2.1 ㎡；教师办公室每个教师使用面积不宜小于 3.5 ㎡。

e. 教学楼宜设置门厅，如门厅入口有挡风间或双道门，其深度不宜小于 2.1m。

f. 教室光线应自学生座位的左侧射入，当教室南向为外廊，北向为教室时，应以北向窗为主要采光面。

② 办公类建筑

a. 根据使用性质、建设规模与标准不同，确定各类用房，一般由办公用房、公共用房、服务用房组成。

b. 办公室、研究工作室、接待室、打字室、陈列室和复印机室等房间窗地比不赢小于 1:6；设计绘图室、阅览室等房间窗地比不应小于 1:5。

c. 办公室的室内净高不得低于 2.6m，设空调的可不低于 2.4m；走道净高不得低于 2.1m，储藏见净高不得低于 2.0m。

d. 办公室门洞宽度不应小于 1m，高度不应小于 2m。

e. 门厅应与楼梯、过厅、电梯厅邻近。

f. 走道地面有高差，当高差不足二级踏步时，不得设置台阶，应设坡道，其坡度不宜大于 1:8。

g. 电梯井道及产生噪声的设备机房，不宜与办公用房、会议室邻近。

③ 纪念馆、博物馆类建筑

a. 要体现建筑艺术、科学技术和文化发展的先进水平，要全面体现设计的新意。

b. 根据建筑规模和人流量，设置相应的自行车和机动车场地。

c. 纪念馆、博物馆建筑规模指其业务及辅助用房面积之和，不包括职工生活用房面积。

d. 纪念馆、博物馆设计要满足收藏保管、科学研究和陈列展览等基本功能，并应设置配套的观众服务设施。

e. 馆内要分区明确，合理布置观众活动、休息场地、室外场地；室外场地和道路布置要满足观众活动、集散和藏品装卸运送。

f. 陈列室和库房如果邻近车流量集中的城市主干道布置时，沿街一侧的外墙不宜开窗，若必须开窗，应采取防噪声和污染措施。

4 文化类建筑

a. 文化类建筑一般应由群众活动部分、学习辅导部分、专业工作部分及行政管理部分组成。

b. 在设置儿童、老年人专用的活动房间时，应布置在当地最佳朝向和出入安全、方便的地方，并分别设有适于儿童和老年人使用的卫生间。

c. 五层及五层以上设有群众活动、学习辅导用房的文化馆建筑应设置电梯。

5 旅馆类建筑

a. 临街一侧，满足基地内组织各功能区的出入口、客货运输、防火疏散及环境卫生等要求。

b. 基地内应根据所处地点不值一顷绿化。

c. 应根据所需停放车辆的车型及数量在基地内或建筑物内设置停车空间，或按城市规划部分规定设置公用停车场地。

d. 主要出入口必须明显，并能引导旅客直接到达门厅。主要出入口应根据使用要求设置单车道或多车道，入口车道上方宜设置雨棚。

e. 应确保人流、货流、车流互不交叉。

f. 综合性建筑中，旅馆部分应有单独分区，并设有独立出入口，对外营业的商店、餐厅等不应影响旅馆本身使用功能。

g. 室内应尽量采用天然采光。

6 疗养类建筑

a. 疗养院由疗养、理疗、医技用房、以及文本活动场所、行政办公、附属用房等组成。

b. 如疗养用房和理疗用房、营养食堂若分开布置时宜用通廊联系。

c. 疗养院可根据需要和地形条件，设置室外体育活动场地。

d. 疗养室内的净高不应低于 2.6m。

e. 疗养院主要建筑物的坡道、出入口、走到应满足使用轮椅者的要求。

f. 老年人建筑层数宜为三层及三层以下，四层及四层以上应设电梯。

6.4 建筑快题设计图纸内容

6.4.1 总平面图

总平面图在快题中的重要性不言而喻，包括对于基地分析、入口位置、交通分析、景观面的利用等，都是考核的重要目标。绘制时注意用地边界关系要清楚，红线要交圈，要求划出用地范围、机动车入口、建筑的主次入口、铺地和草地之间的用线、建筑和台阶之间的用线等。建筑屋顶外轮廓线要画出阴影，这样不仅可以突显建筑形体关系，而且还能让图面效果显得更精神。停车位摆放也是需要注意的，要兼顾好车道宽度、转弯半径、车子的停放方式，一般每个车位面积应为 35 ㎡左右（包括公共行车面积），单个车位 18 ㎡。最后注意指北针、比例尺要标写清楚（图 6-2）。

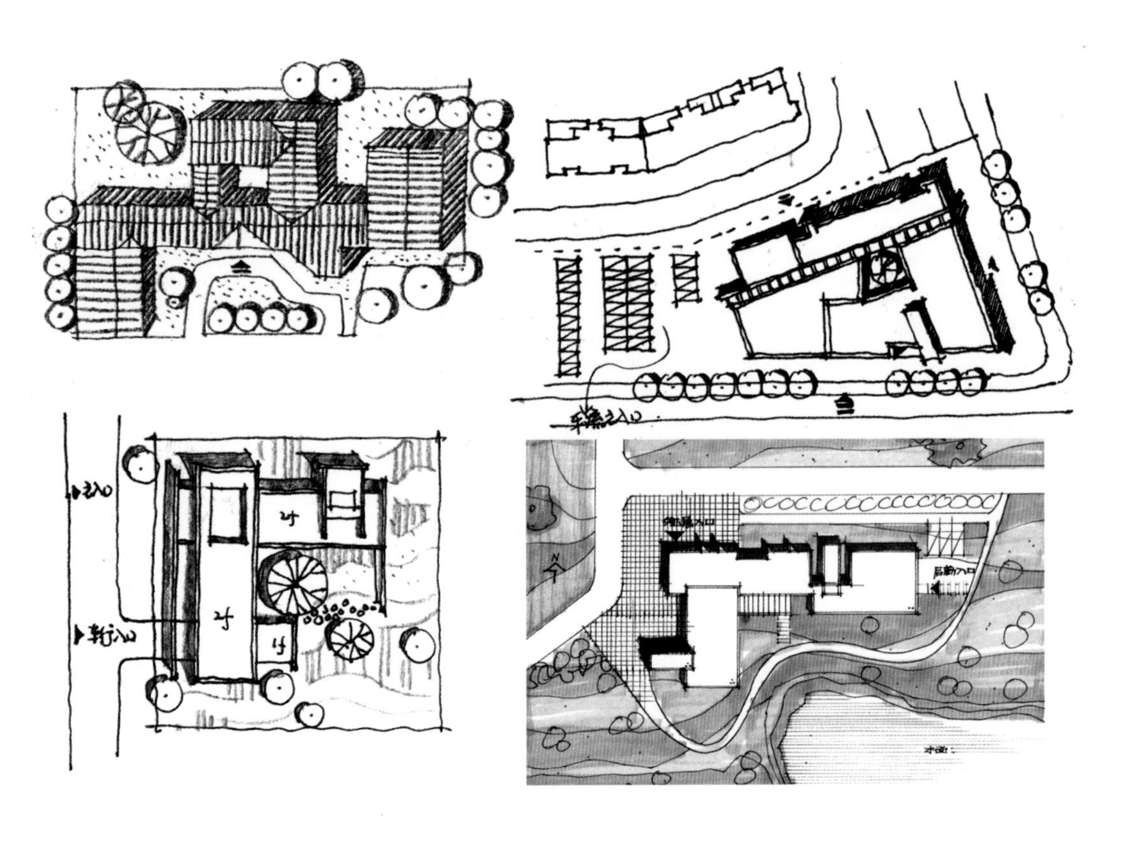

图 6-2
总平面图

6.4.2 各层平面图

1 设计细节

各层平面图是块体中最重要的图，绘制时应注意以下细节：

a. 首层平面图要求画出各个房间，并注明名称。图纸的比例要正确，必要时可标注下一至两道尺寸表示开间和建筑总长度（图 6-3~ 图 6-5）。

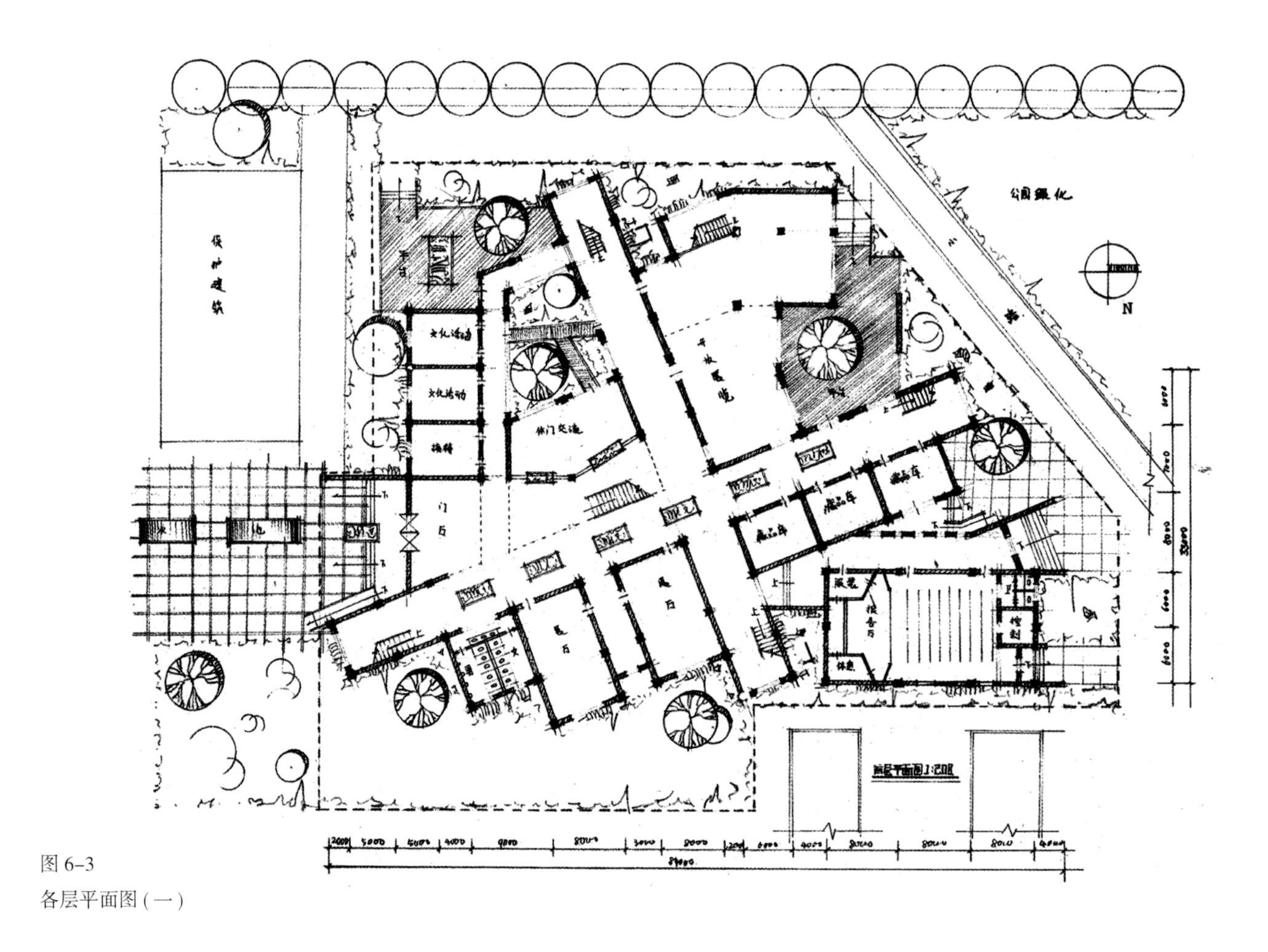

图 6-3
各层平面图 (一)

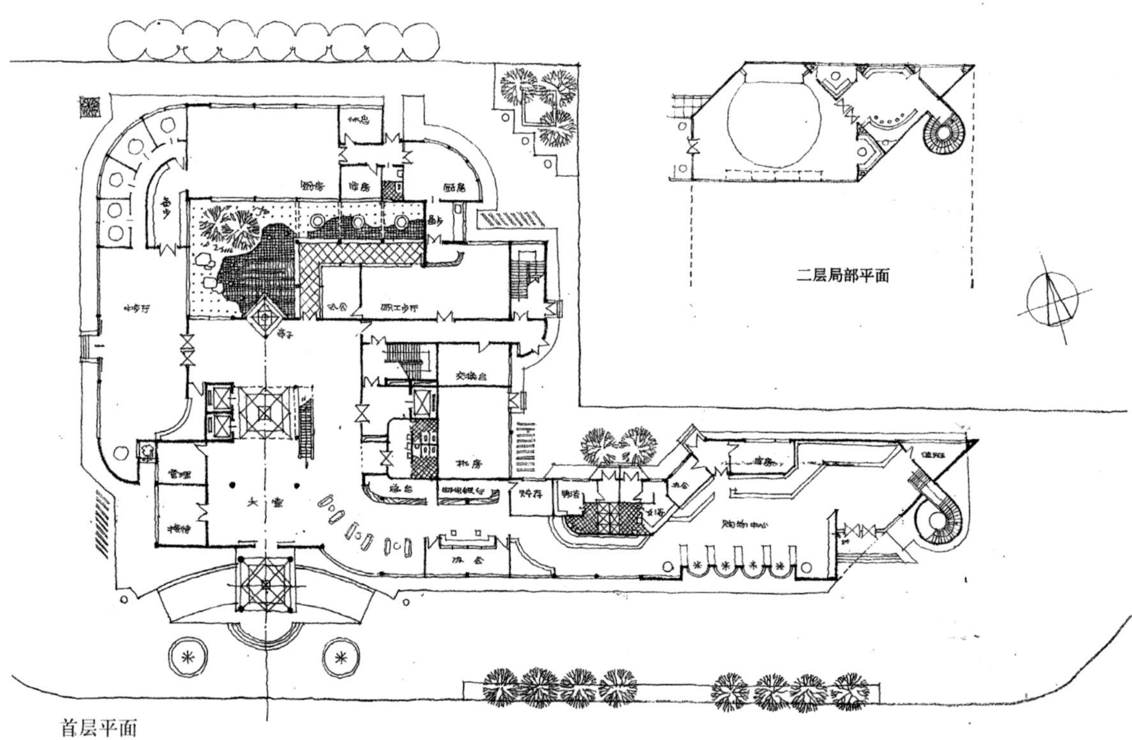

图 6-4
各层平面图 (二)
作者：黄为隽

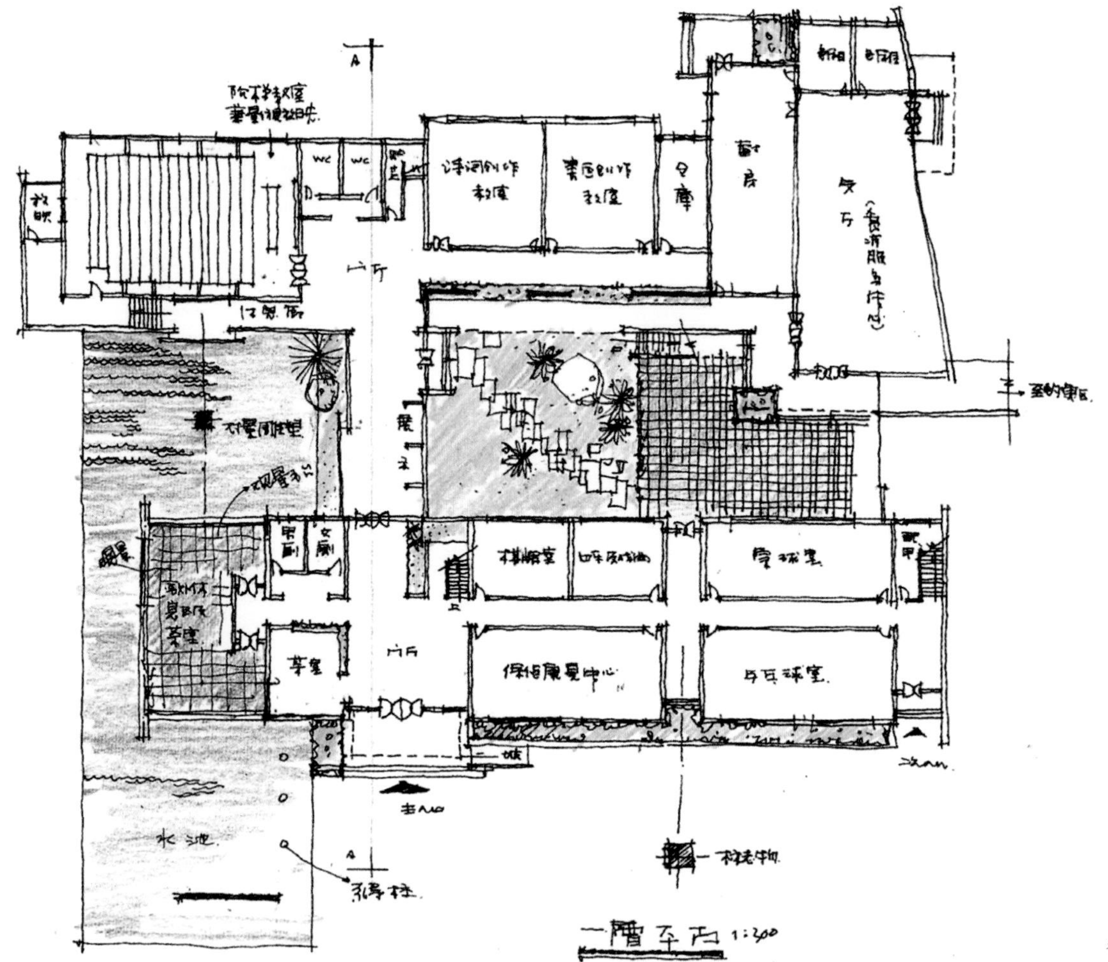

图 6-5
各层平面图（三）

b. 室内外的高差处理、台阶、坡道、无障碍设计的高差必须要有标高，应以平面标高为基准，首层一般以 ±0.000 为基准，注意“上、下”和箭头标注。

c. 要求画出垂直交通空间楼梯、电梯数量与位置。

d. 洗手间的位置既不能过于“深入”也要适当“隐蔽”。

e. 平面图中要将门窗的位置及大小绘制清楚，大窗一般用于开敞性空间；小窗一般用于办公室等重复的小空间。

f. 表达结构方式的原则是普通的采用框架结构，大空间需要大跨度的结构形式。

2 绘制步骤

a. 在表现时需要按设计好的比例画出等距柱网，标出柱子，再根据柱网用尺规（也可徒手）和铅笔画出建筑平面的外轮廓（即外墙），然后画出每个房间。

b. 用铅笔（或 0.3~0.5mm 针管笔）先将内外门画短线断开，以免画墙线时由于疏忽而把墙线画过，堵住门洞。在铅笔稿的基础上，运用尺规或徒手画墙线，线条相交时最好稍稍出头，不要拘谨，待画好后仔细检查下有没有遗漏的线。

c. 细化细节，如楼梯踏步、主入口台阶、坡道、花池、铺地等。在所有内门处画短线表示门洞，不要画门扇和开启方向，这些细节不是方案阶段要考虑的问题，表达时可以忽略。只需在入口大门出画出门扇，以表示它的突出地位。另外，窗户可以不画，至于其造型可以由立面设计去考虑。

d. 画出建筑平面周边配景（树木或水池等），配景表达不宜抢眼，模式化即可，以单色灰色为宜（如果是铅笔草图则可以留白或简单加调子）。最后利用文字标注所有房间名称和主次入口就可以了（图 6–6）。

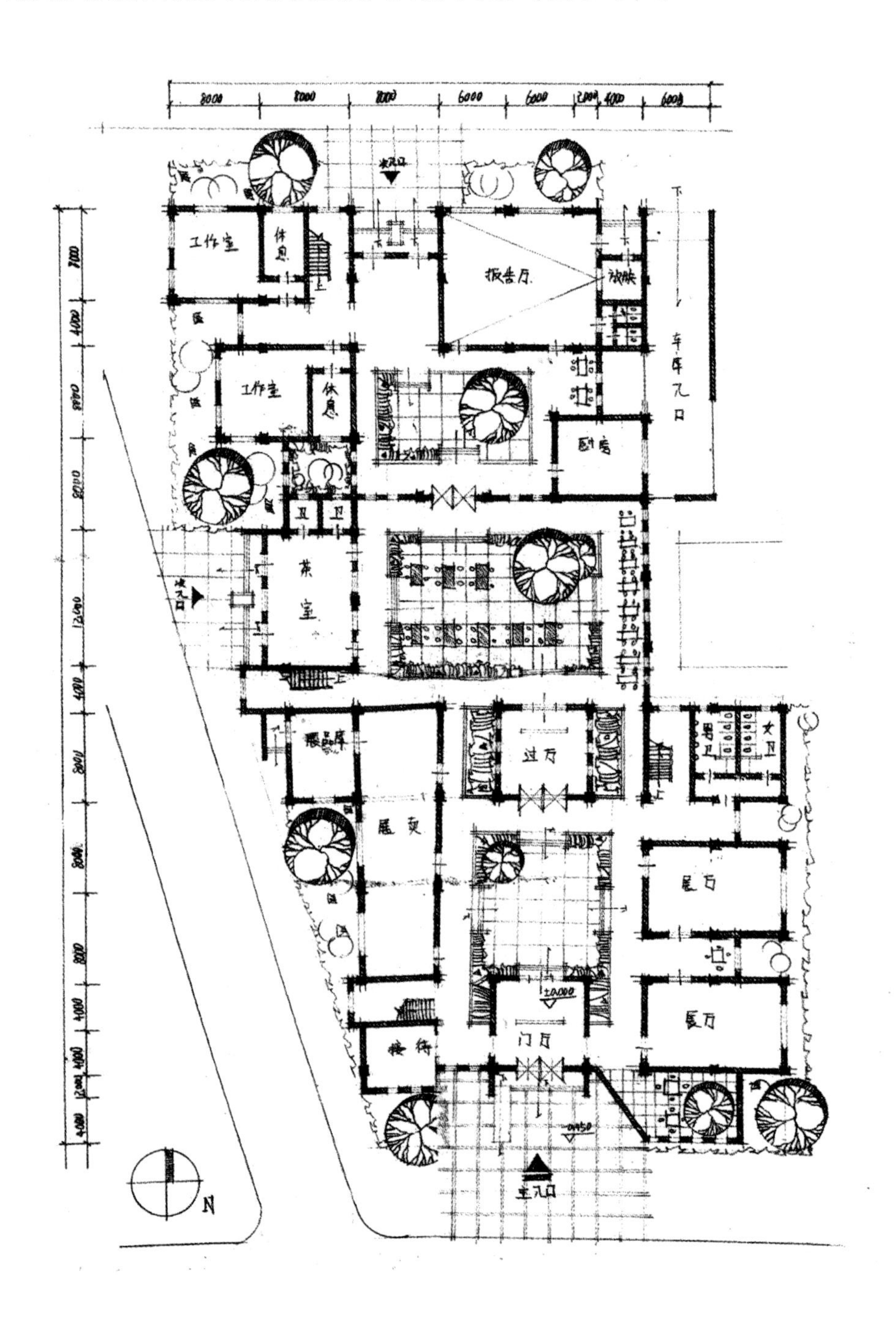

图 6–6
周边配景

e. 如有二层平面，画法则和首层一样，只是二层平面周边不画配景（图6-7）。

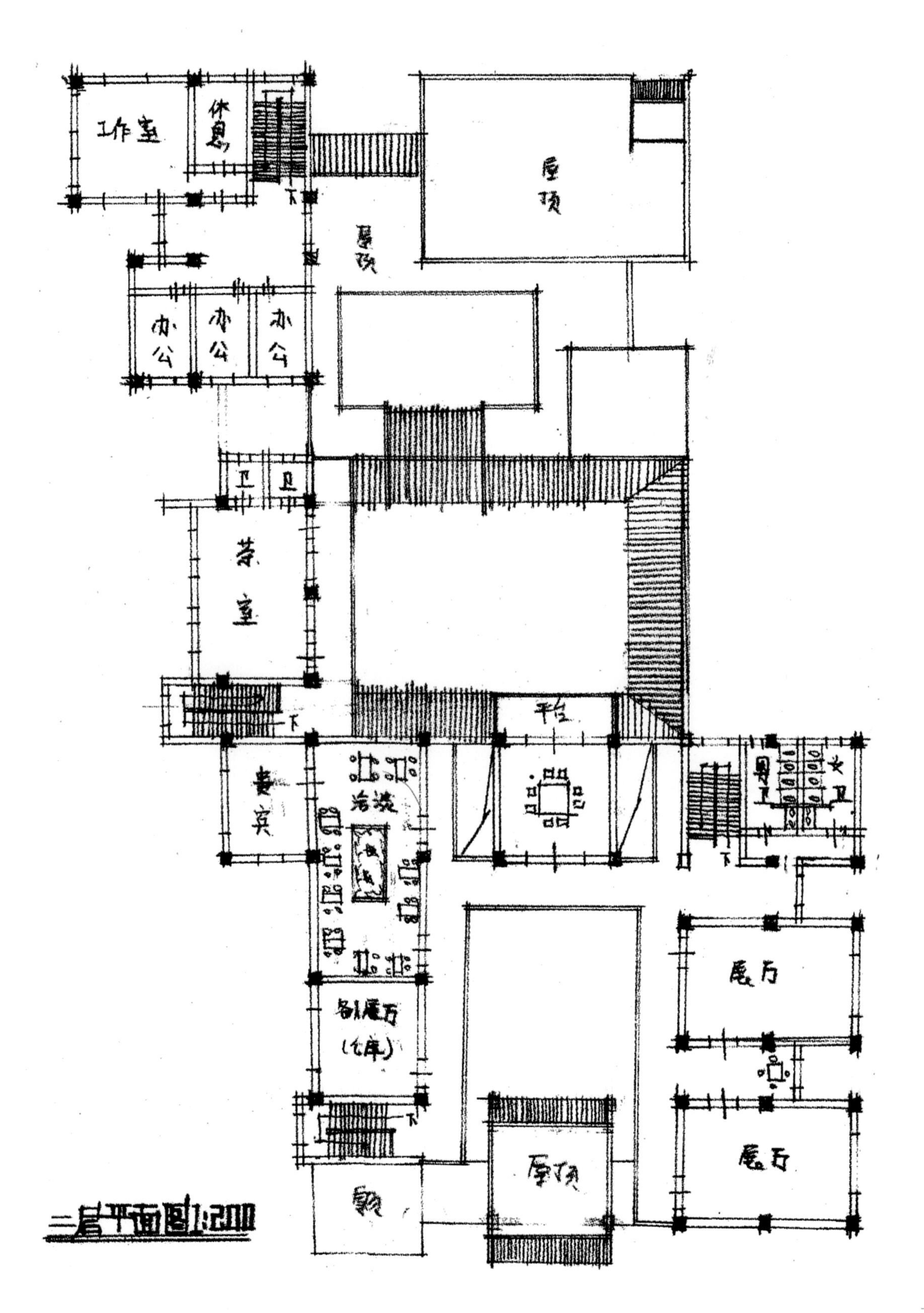

图 6-7
二层平面图

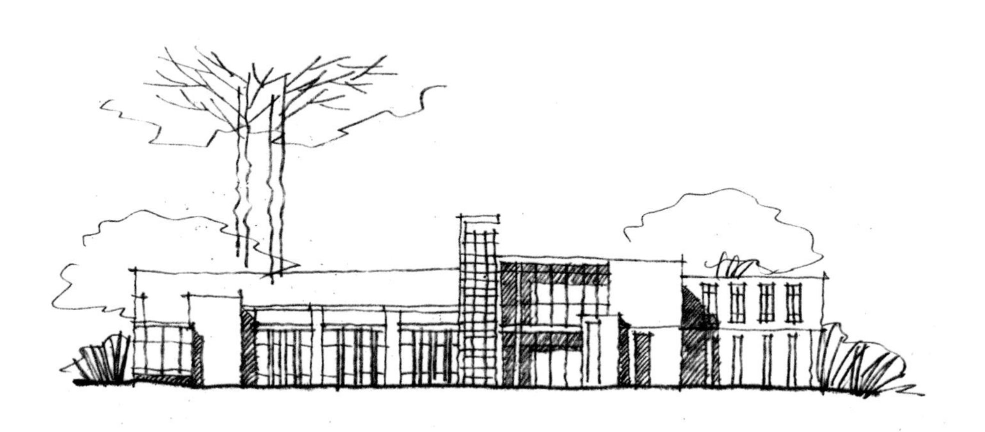

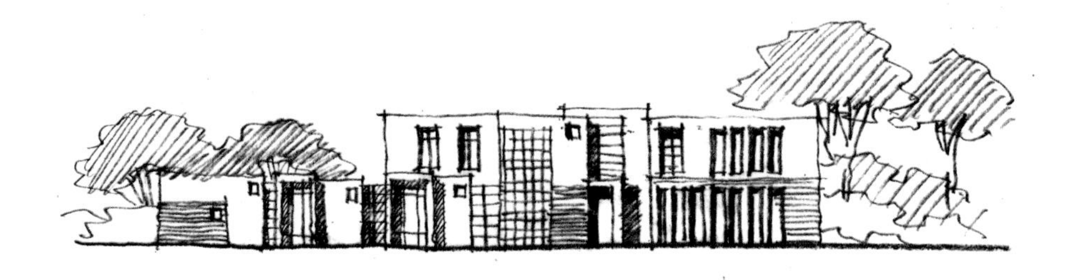

图 6-8
立面图与剖面图(一)

6.4.3 立面图与剖面图

立面图与剖面图要求与平面图对应，且比例正确。立面图通常选择造型突出和亮点明显的立面进行表达，表达时要突出片墙、框架、隔栅、遮光板及各式的窗，还要突出门头、雨棚、檐口等细部设计（图 6-8）。

立面图画好之后不要忘记标注檐口标高，建筑形体外轮廓线和地平面应加粗，并适当辅以简单的配景树。上色时一般会用蓝色平涂玻璃，外墙如果是浅色材质则留白，深色材质则简单着色，不可大面积平涂，以免结构关系区分不开。不同进深的结构要不出不同宽度的阴影。配景着色要简单，颜色不宜过多(图 6-9）。

剖面设计应反映出建筑与环境的关系、建筑内部空间组合关系、房间剖面形状、各房间的竖向高度、建筑层数、结构布局形式、梁柱关系等。绘制剖面图要注意空间中的梁柱、挑檐、女儿墙等节点以及对应立面变化的节点，并正确表达梁、柱、板三者之间的结构关系，吊顶隐藏内容可不显示（图 6-10）。

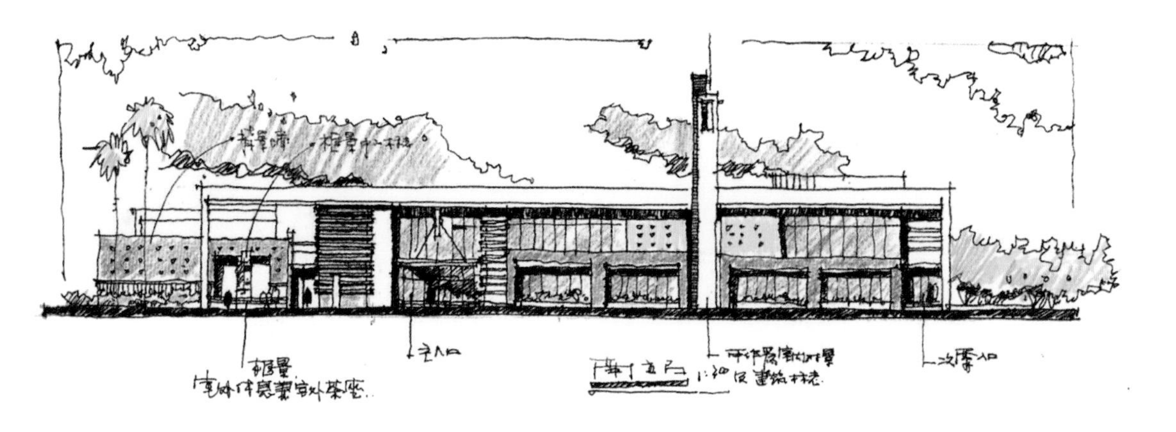

图 6-9
立面图与剖面图 (二)

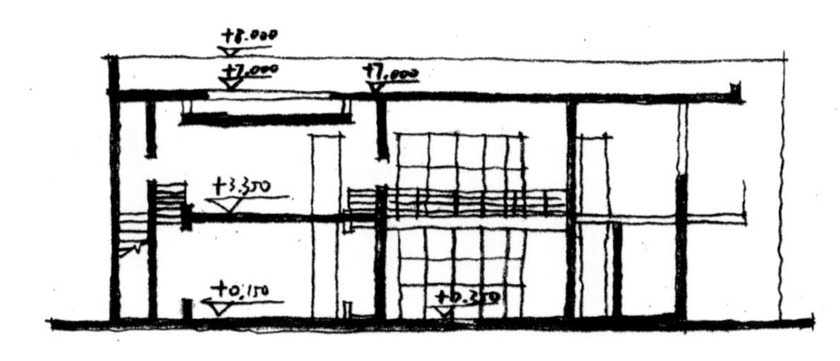

图 6-10
立面图与剖面图 (三)

6.4.4 透视图

透视图作为建筑设计表达的一部分，它是设计构思的集中体现，但更要与全套设计相一致构成一个整体。在绘制透视图时应注意重点突出，应体现设计者一定的审美能力，表达设计意图一般会把入口处作为趣味中心来处理，以显现个性和风格（图 6-11）。关于透视图的画法问题前面几章已重点讲解，这里不再详细说明。

图 6-11
透视图
作者：肖宇澄

6.4.5 分析图

分析图可以在繁多的现状条件中迅速梳理清楚设计思路，能够从整体考虑设计方案，不至于被局部细节所迷惑。在快速设计中，通过概括、精炼的图示向人们展示场地的功能结构、交通流线等的分析图，目的是让看图者迅速领会方案构思，这就要求绘图者要非常清晰、概括地展示方案的特征。在快题考试中就是这种分析图呈现给评审导师的（图 6-12、图 6-13）。

6.4.6 文字说明

文字说明是在快题设计中配有一定量的文字来说明和补充设计理念，同时也体现了考生的文字组织和表达能力。文字说明通常规定为 300 字左右，内容应简洁明了，内容涉及空间分析、立意布局、空间动线、造型陈设等，每条叙述几句话足以。形式上要排列整齐、字体端正。

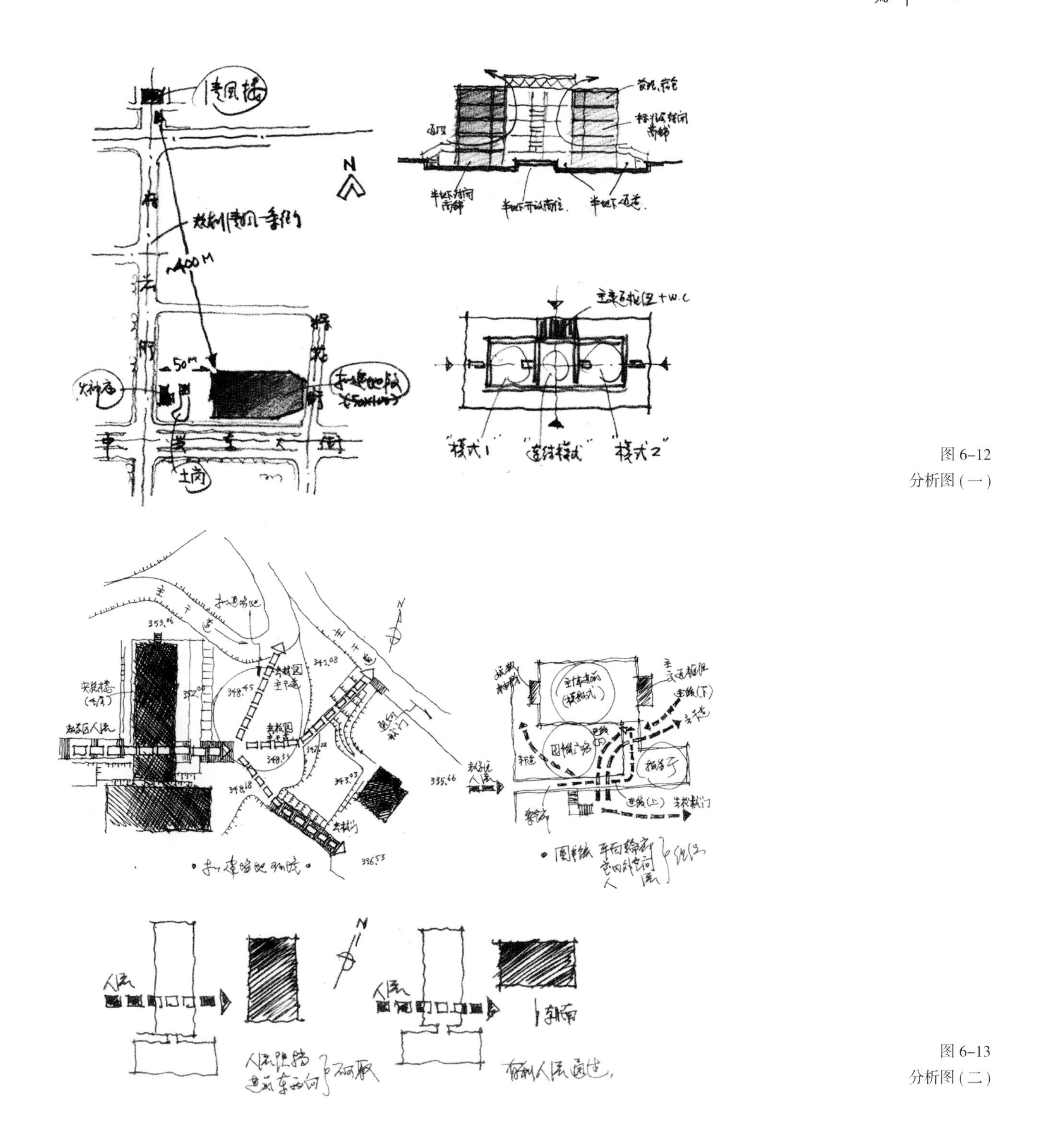

图 6-12
分析图（一）

图 6-13
分析图（二）

6.4.7 标题

标题是图纸成果表达的重要环节，它不仅体现了快题设计的主题，也对画面的完整、美观、平衡起着至关重要的作用。绘制正图时，首先绘制主要部分，再根据已经完成图面的整体效果安排标题和图例也不迟，但切记不要遗漏。常见的标题有“快题设计”“快图设计”“文化馆设计”“建筑系馆设计”和“活动中心设计”等。阅卷人不会因为没有针对项目书写标题而扣分，关键是字体是否美观、整体效果是否完整，考生在临考前可以熟练一到两种标题，考试时用铅笔事先打好底稿，再用针管笔描出便可。书写字体以方块字为宜，简洁工整，不必标新立异。除此之外，图面上还可以增加一点装饰性的符号和线条，以活跃画面、完善构图（图 6-14）。

6.4.8 指北针和比例尺

指北针符号应注意：画法简单、方便找到；指向图纸上方，最好与水平线成都定角度（30°、60°、90°）；具有明确指向的箭头部分；不可指向图纸下方（图 6-15）。

比例尺图示如图 6-16 所示。

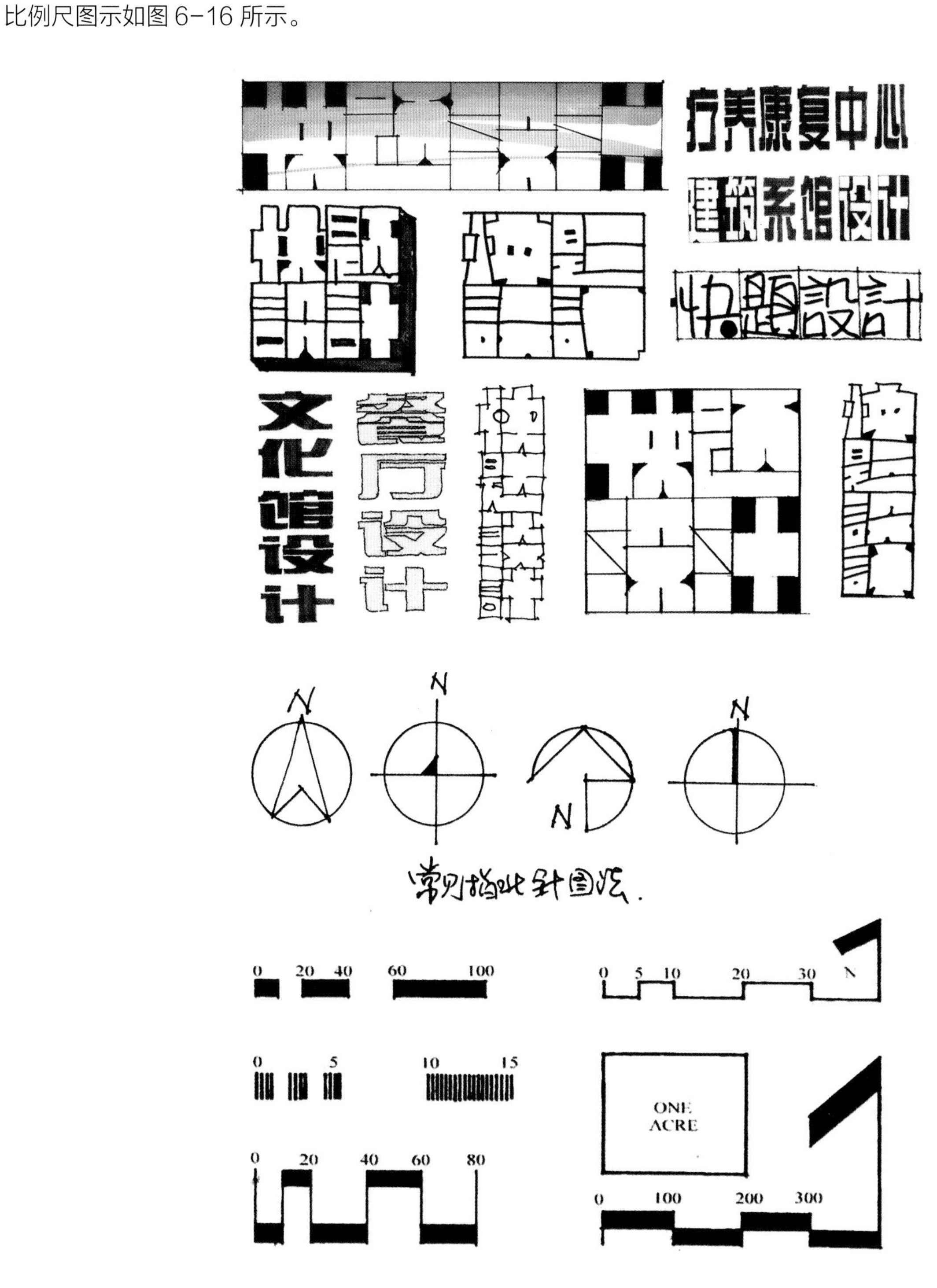

图 6-14
比例尺图示（一）

图 6-15
比例尺图示（二）

图 6-16
比例尺图示（三）

6.4.9 排版设计

版面布局将影响评图者在具体地辨识设计内容之前对设计者专业修养的第一印象。排版的合理与否除了影响整体图面效果外，还会影响设计者画图时间，考生应注意以下几方面：

a. 能用一张图纸完成所有的规定，就尽量不用两张，饱满的一张试卷远比松散的两张图纸更有视觉冲击力。

b. 图纸安排布局时要考虑好上下左右四角之间的关系，在绘图前就要预留好图纸的边框大小，可用铅笔在图纸上事先定位。另外，整体布局采用横构图还是竖构图，要看哪种方式使绘制更方便，同时又能适用于考试题目的要求。

c. 各单项的内容不同，繁简不同，在版面上自然会产生轻重差别。从整幅图面的效果考虑，要做到版面匀称、重点突出，千万不要出现画面轻重、疏密失衡的状态。因此，宜将表现分量重的图分开，以取得画面平衡（图 6-17~图 6-22）。

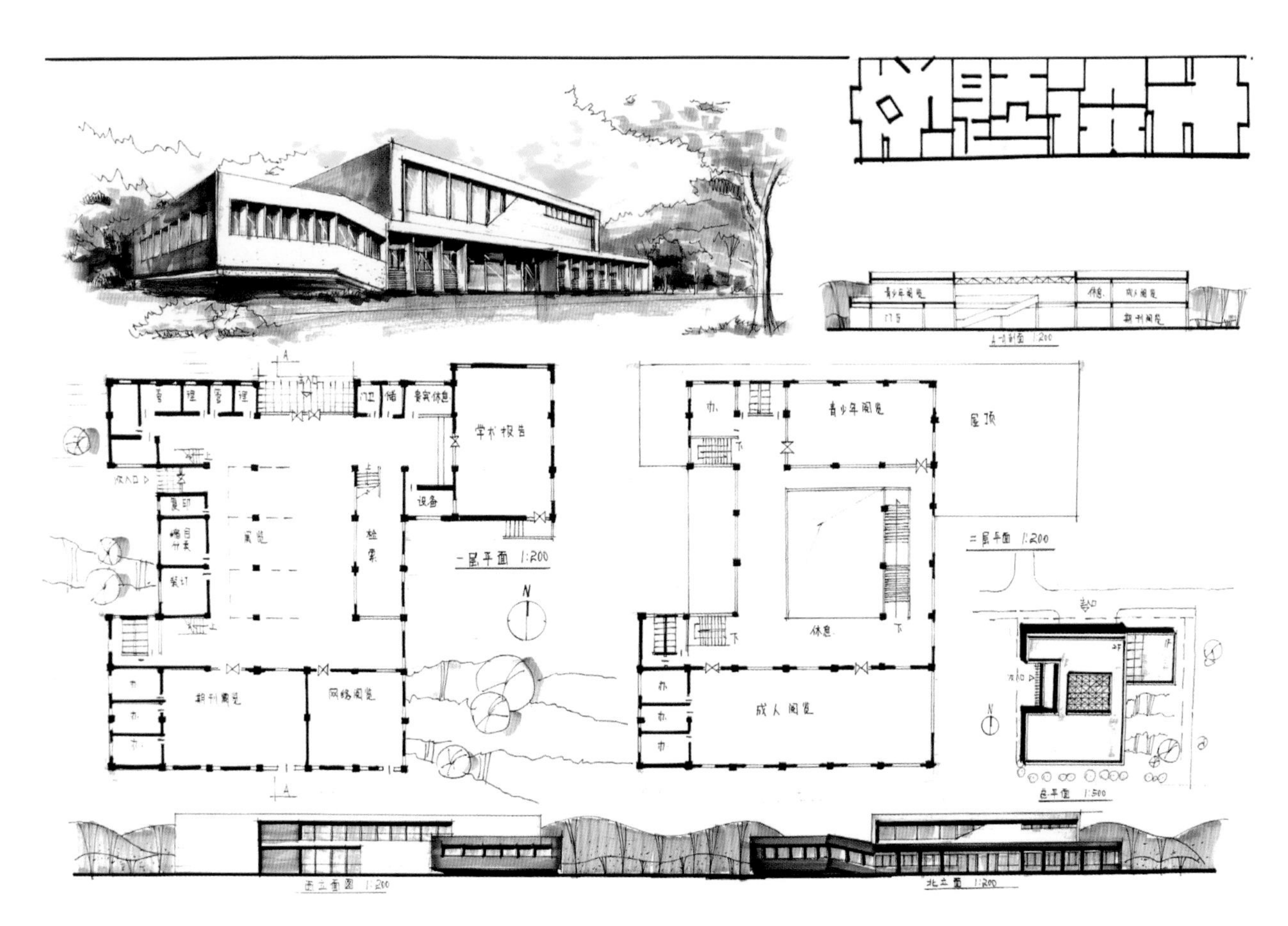

图 6-17
排版设计 (一)

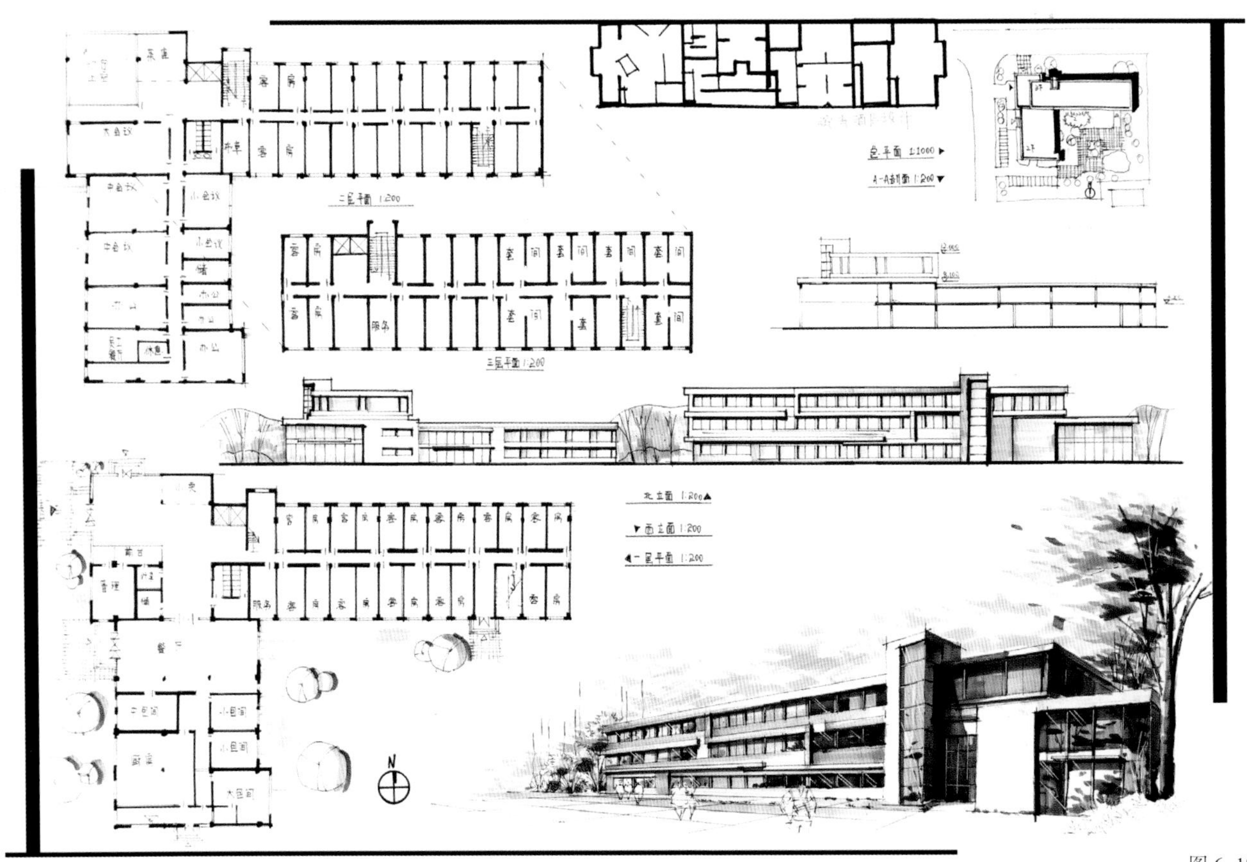

图 6-18
排版设计（二）

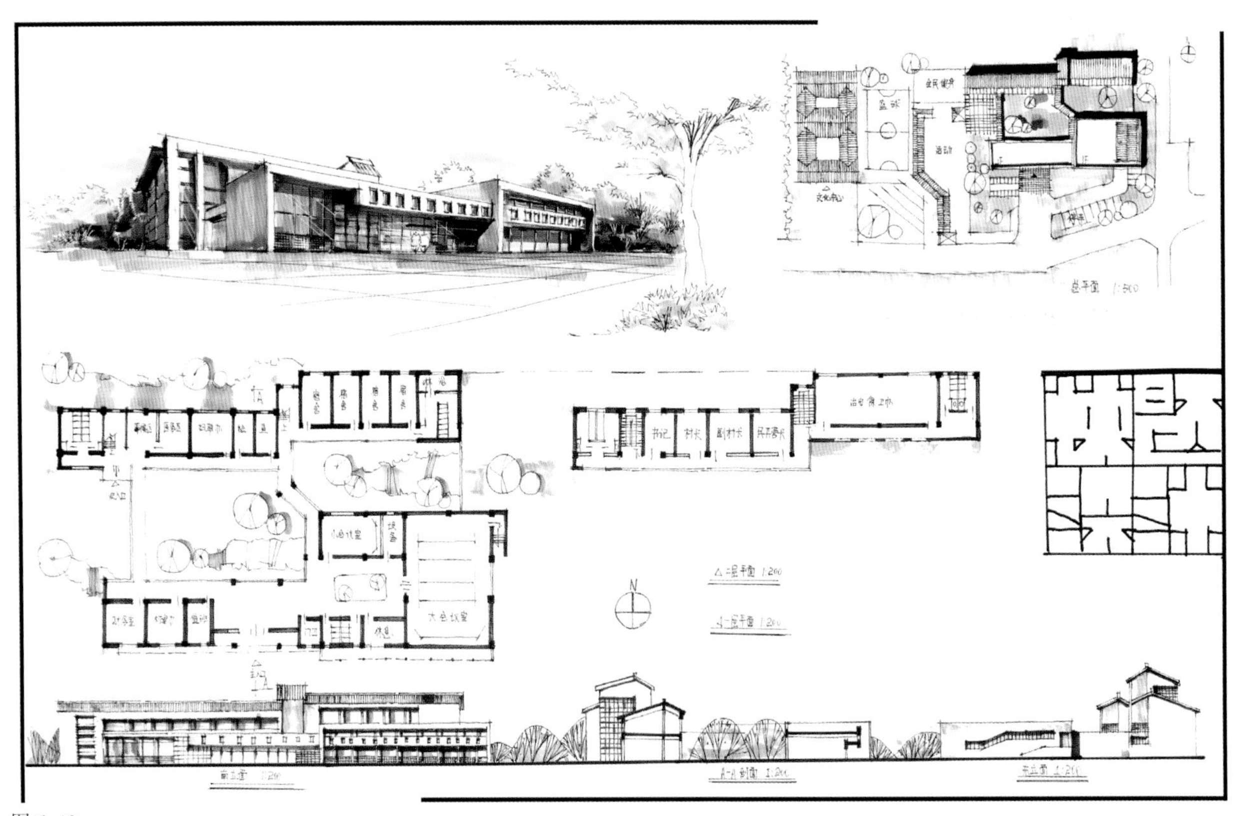

图 6-19
排版设计（三）

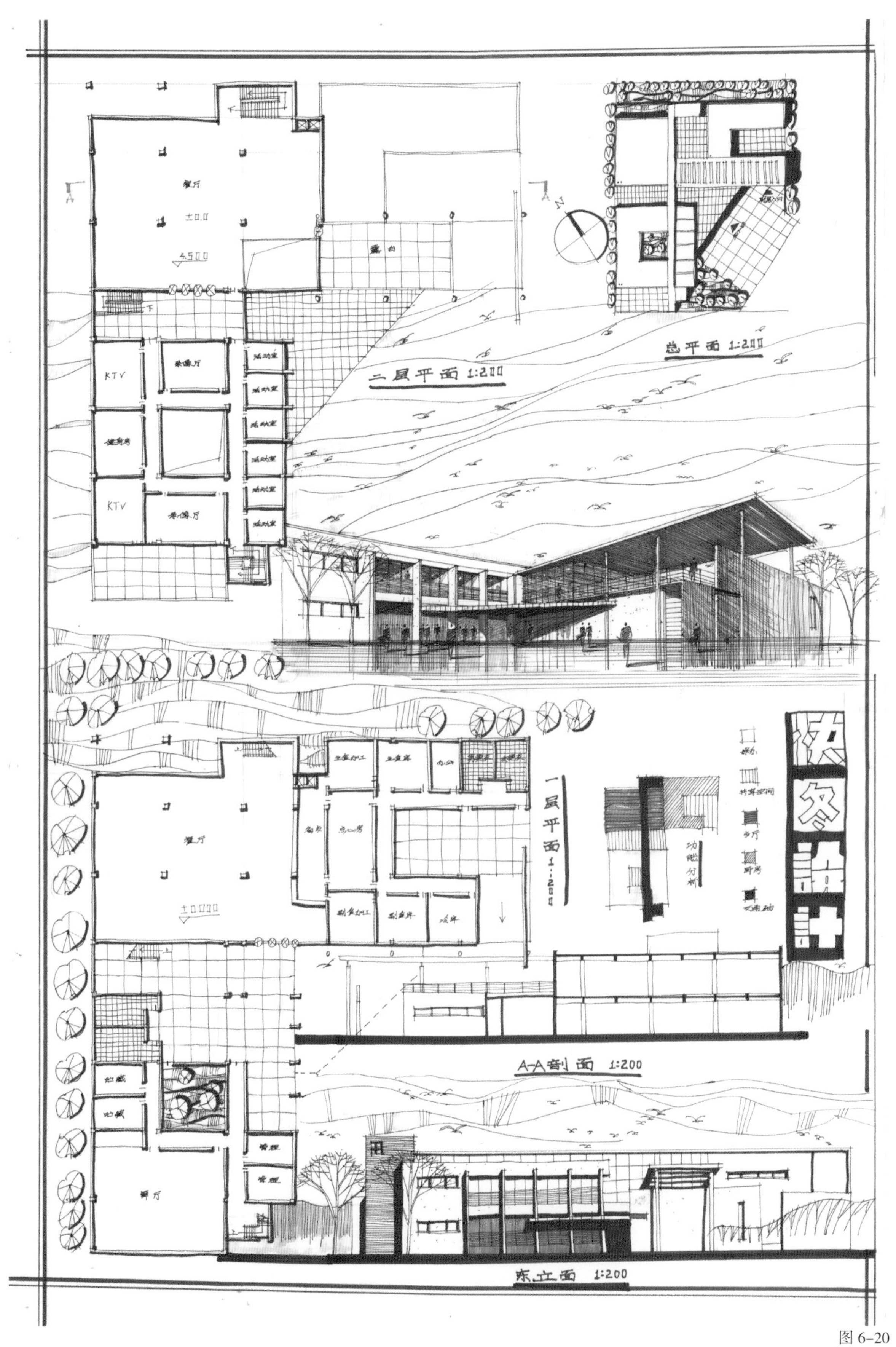
二层平面 1:200
总平面 1:200
一层平面 1:200
功能分析
A-A剖面 1:200
东立面 1:200
KTV
KTV
±0.00
4.500

图 6-20
排版设计（四）

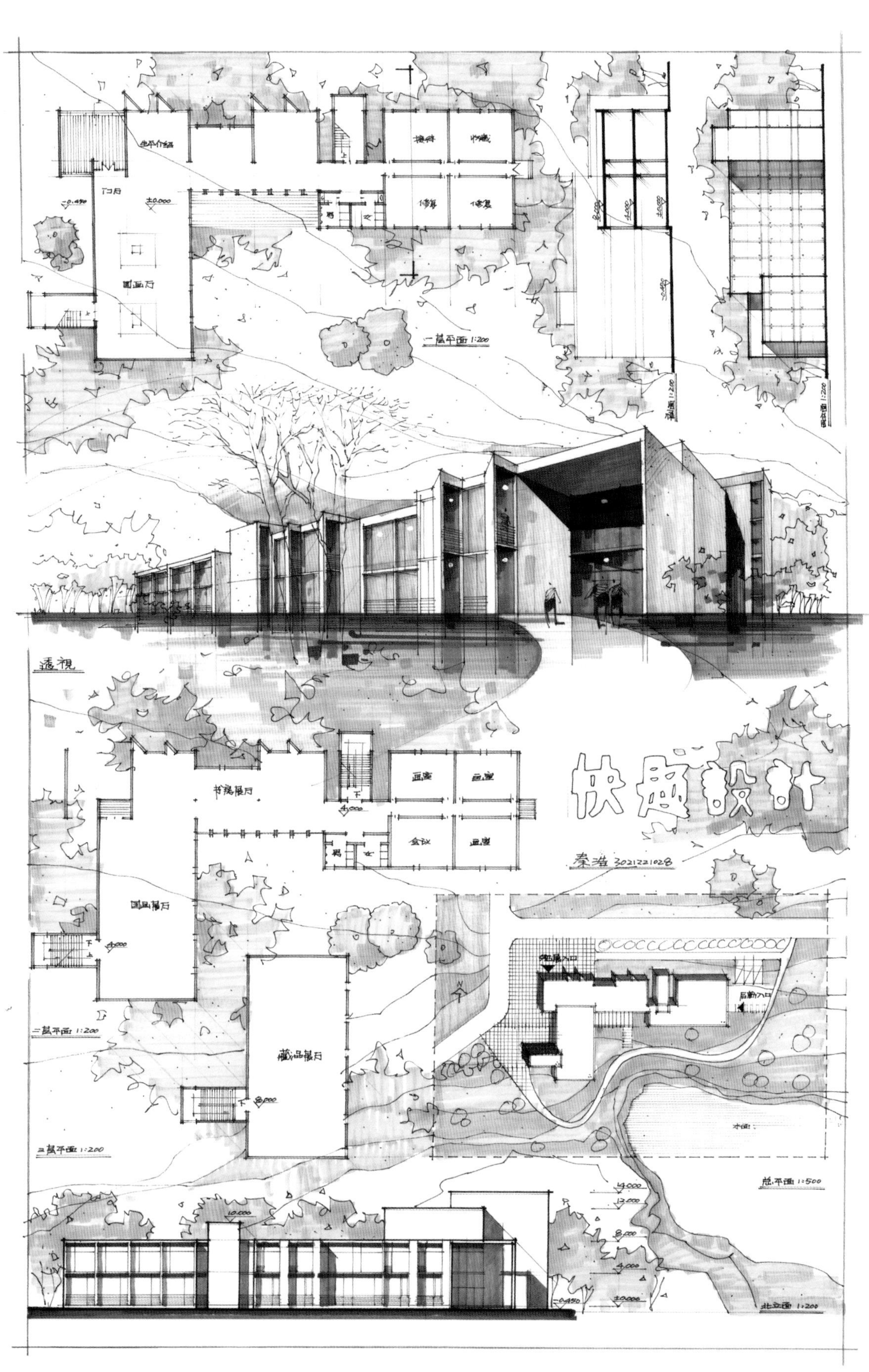

一层平面 1:200
透视
快题设计
秦浩 3021221028
藏品展厅
二层平面 1:200
三层平面 1:200
总平面 1:500
北立面 1:200

图 6-21
排版设计（五）

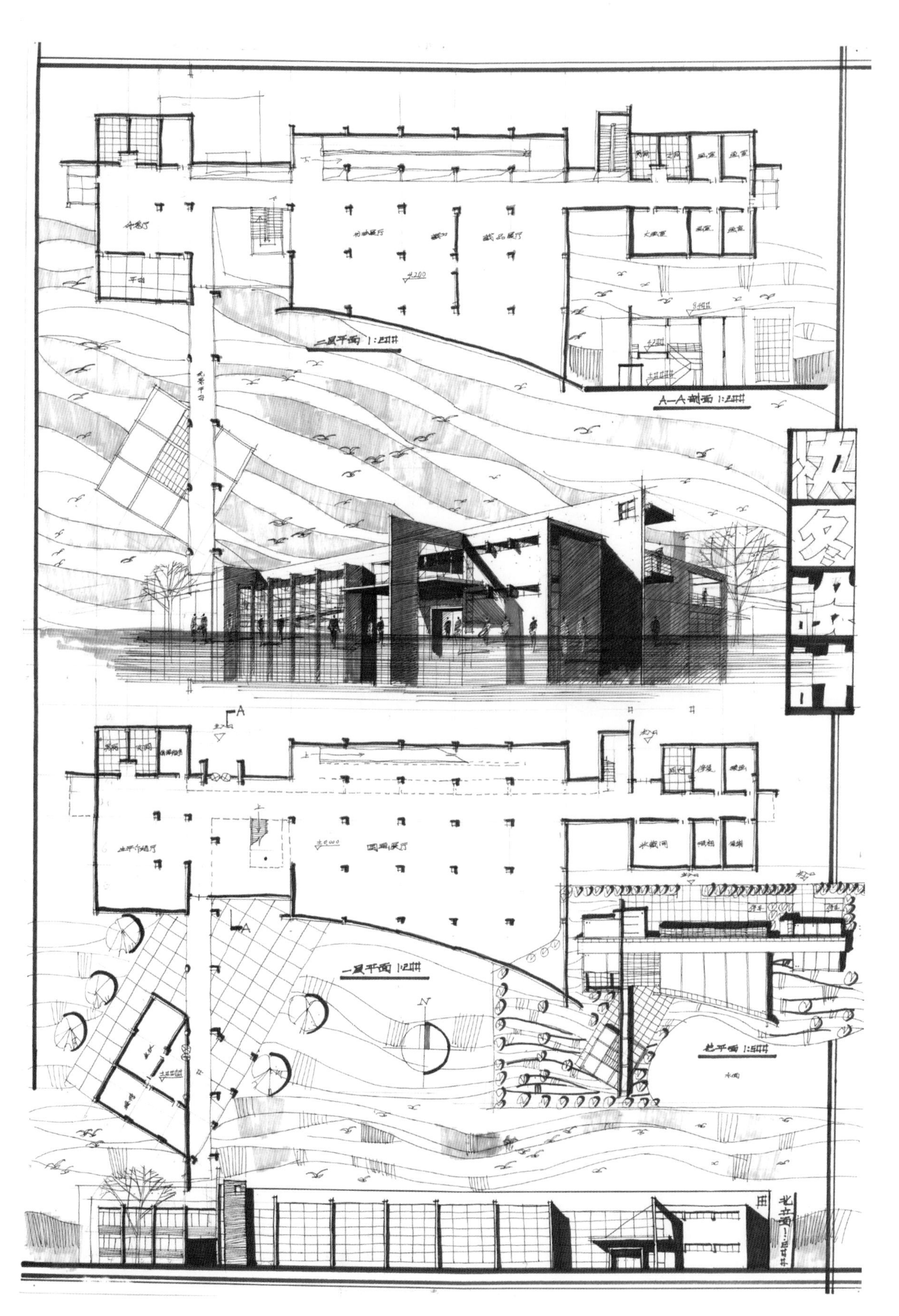

图 6–22
排版设计（六）

第七章 李磊建筑手绘作品赏析

图 7–1
欧式建筑马克笔

图 7-2 巴德岗杜巴广场

图 7-3
丹佛街景

图 7-4
丹佛火车站

图 7-5
香港鸟瞰

图 7–6
圣保罗教堂

图 7–7
天津瓷房子

图 7-8
天津劝业场

图 7–9
天津音乐厅

图 7–10
天津老街区

图 7-11
黄昏时的天津大剧院

图 7-12
解放北路金融街

图 7-13
天津博物馆

图 7–14
桂峰村

图 7–15
桂峰村

图 7-16
天津美院美术馆

图 7-17
天津环球金融中心

图 7-18 天津文化中心鸟瞰

图 7–19
婺源

参考文献

[1] 方程，张少峰 . 建筑设计过程中的草图表达 [M] . 北京：机械工业出版社，2014.

[2] 鲁英灿，蒋伊琳 . 设计速写：方案创作手脑思维训练教程 [M] . 北京：中国建筑工业出版社，2014.

[3] 李磊 . 建筑设计效果图手绘：线稿与上色技法 [M] . 北京：人民邮电出版社，2014.

[4] James Richards. 手绘与发现：设计师的城市速写和概念图指南 [M] . 北京：电子工业出版社，2014.

[5] 杨瑛 . 心象：杨瑛建筑设计草图集 [M] . 大连：大连理工大学出版社，2009.

[6] 齐康 . 风景入画：建筑师钢笔风景画 [M] . 南京：东南大学出版社，2007.

[7] 胡绍学 . 建筑构思与表达：胡绍学设计草图 200 例 [M] . 北京：中国建筑工业出版社，2012.

[8] 黄为隽 : 立意 · 省审 · 表现：建筑设计草图与手法 [M] . 天津：天津大学出版社，2015.

[9] 黎志涛 . 快速建筑设计 100 例 [M] . 3 版 . 南京：江苏科学技术出版社，2007.

[10] 辛塞波 . 建筑专业快题设计 [M] . 2 版 . 北京：化学工业出版社，2013.

[11] 杨倬 . 建筑方案构思与设计手绘草图 [M] . 北京：中国建材工业出版社，2010.